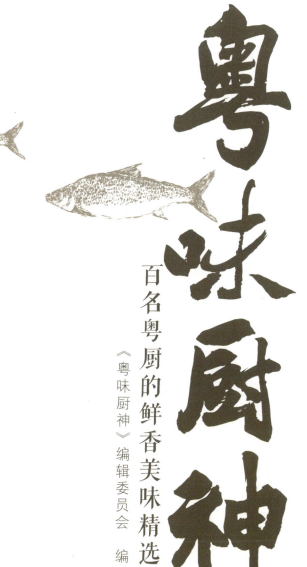

粤味厨神

百名粤厨的鲜香美味精选

《粤味厨神》编辑委员会 编

南方传媒

岭南美术出版社

中国·广州

图书在版编目（CIP）数据

粤味厨神：百名粤厨的鲜香美味精选 / 《粤味厨神》
编辑委员会编.—广州：岭南美术出版社，2023.7
ISBN 978-7-5362-7478-5

Ⅰ.①粤… Ⅱ.①粤… Ⅲ.①粤菜—饮食—文化
Ⅳ.①TS971.202.65

中国版本图书馆CIP数据核字(2022)第054832号

责任编辑：陈 斐 林 怡 梁静雯
责任技编：许伟群
责任校对：梁文欣

粤味厨神——百名粤厨的鲜香美味精选
YUEWEI CHUSHEN——BAIMING YUECHU DE XIANXIANG MEIWEI JINGXUAN

出版、总发行：岭南美术出版社（网址：www.lnysw.net）
　　　　　　　（广州市天河区海安路19号14楼 邮编：510627）
经　　销：全国新华书店
印　　刷：佛山市金华彩印刷有限公司
版　　次：2023年7月第1版
印　　次：2023年7月第1次印刷
开　　本：889 mm×1194 mm　1/12
印　　张：18.5
字　　数：220千字
印　　数：1—2200册
ISBN 978-7-5362-7478-5
定　　价：88.00元

本书编委会

编委会

主　任：张晨光　殷红梅

副主任：罗文斯　杨　生　左国丽　霍钰雯

委　员：陈毅忠　林楚雯　钟育政　王小峰　王海涌　王嘉欣

　　　　冯　雨　谭蕴哲　林　歌　区显辉　张绿化　袁　雯

　　　　龚雪娥　陶朵怡　谢少文　游乐基　黎晓彤　许智文

（排名不分先后）

纪录片出品单位

佛山电视台

佛燃能源集团股份有限公司

支持单位

凤厨职业技能培训学校

粤味之光　厨神风采

广东佛山，一座用美食书写传奇的城市，享有"世界美食之都""中国厨师之乡""中国美食名城"等美誉。

2018年，广东省乡村振兴工作会议对全省实施乡村振兴战略动员部署中提出启动"粤菜师傅工程"，掀起了推广"粤菜师傅工程"的风潮。

2019年，佛山电视台组建实力强大的纪录片团队，在佛山市商务局、佛山市文化广电旅游体育局、佛山市人力资源和社会保障局、佛山市农业农村局的指导下，由佛燃能源集团股份有限公司总冠名，制作了百集微纪录片《粤味厨神》，旨在弘扬粤菜文化，并将其传播至粤港澳大湾区，邀请来自粤港澳大湾区的100位粤菜名厨，用故事化的叙述方式，让观众从独特的角度一睹名厨的风采。一菜一世界，一厨一人生，《粤味厨神》让大家看见粤菜厨师们如何秉承匠心，在粤菜弘扬路上，敢为人先，海纳百川，传承创新。

100位粤菜名厨，近200道经典名菜，《粤味厨神》的摄制，前后长达两年。本纪录片通过对失传名菜的复原和传承，讲述了粤厨们敢为人先、执着本味的美味故事，记录了粤厨们与时间竞赛、烹饪鲜香的事迹，颂扬了粤厨们致敬经典、匠心传承的品质；同时挖掘厨艺新秀，展现新生代青年名厨的潮流创意美食和对粤菜的新思考。

两年里，摄制组深入乡间田野寻找优质食材，探秘厨师手中的鲜香美味；走近粤厨们的真实生活，展现有血有肉的匠心故事。拍摄足迹遍及粤港澳大湾区以及阳江、清远等地。除了美食，我们更惊喜地发现这座城市许多鲜为人知的美好事物。比如盛夏，阳光洒在桑麻村塘涌边的黑毛节瓜上，仿佛预示着沉甸甸的收成；夕阳晚照，金灿灿的余晖洒在勒流百亩鱼塘上，那是鱼米之乡的惬意；雨季，那弥漫着竹香的张槎笋地……这些美景最后都呈现在片中，赋予了《粤味厨神》更加广泛的意义。

　　《粤味厨神》得到来自社会各界以及粤港澳大湾区的粤菜名厨们的鼎力支持，黄炽华、罗福南、吴荣开、许美德、黄亚保、马荣德等众多名厨成为节目在粤港澳地区的推广大使和交流大使。在100集节目中，共有70集节目授权广东广播电视台国际频道、珠江频道（香港版）、广东国际美洲台，多语种译制，在海内外进行推广；30集节目在中央电视台《发现之旅》栏目播出。

　　我们希望，以文字形式为载体，让广大观众感受美味的同时，更真切地理解粤菜文化背后的性情，读懂"粤菜师傅"这一张岭南饮食文化的国际名片。为此我们从100位拍摄过的名厨中，精选出30多名代表，把他们与美食的匠心故事编写成书籍，一方面让此书作为行业外对粤菜文化有兴趣的人士研习之用，对其了解粤菜文化背后的故事有着积极的推动作用；另一方面可以作为行业内交流的文化载体，弘扬粤港澳饮食文化，展现人们的美好生活，促进广东省乡村振兴、经济发展，将粤菜美食传递到全国乃至全世界，产生广泛的影响力。

　　岭南美术出版社致力于寻觅岭南之美，发扬和传承岭南传统文化。当出版社看到本书稿时，与我们进行了紧密的交流，对于共同宣传岭南粤菜美食，促进广东乡村振兴的理念达成了共识，认为出版此书有着积极意义。

历时一年，我们精心编制这本值得收藏和回味的美食纪录片精印本《粤味厨神——百名粤厨的鲜香美味精选》，特别感谢除本书精选的厨师之外，参与《粤味厨神》节目拍摄的厨师，他们分别是陈用殷、王耀江、冼超洪、江欣灿、谢梓荣、郭源昌、覃游标、马荣德、何永运、谢翠媚、黎苗珍、黄永炽、周伟武、欧官、周伟强、唐龙、郑远文、胡伟强、王均荣、吴冲华、何远强、梁健光、高国坚、梁志伟、郭任生、陈永安、胡伟均、罗志坚、张臻、谈培明、林雪波、李恩涛、梁智源、刘湛平、梅奕、陈武庭、黎景开、郭元增、陈林安、冯亚国、邓鸿、肖飞、梁光华、刘广恒、刘雪芬、梁兴斌、余伟庭、曾锐文、卢志明、潘洪安、冯志权、钱灿豪、黎汉波、罗良源、罗培枝、罗敏、黄卫民、许佐棠、梁建昌、黄春环、冼伟雄、康磊、曾醒杰、蔡正志、麦准珍。（排名不分先后）

希望读者能通过书中的故事、图片和文字感受粤菜的魅力，我们也期待读者能按图索骥，与我们一起发现这方水土的独特韵味。

纪录片《粤味厨神》制作团队

2021年12月31日

最美人间烟火气

　　《粤味厨神》是佛燃能源集团股份有限公司和佛山电视台精心打造的美食节目，是佛山市实施"粤菜师傅工程"的重点项目，呈现了粤菜名厨近200道经典名菜。节目不仅在佛山电视台的收视率名列前茅，且多期节目在中央电视台、广东广播电视台以及美国、加拿大、韩国等电视台播出。

　　节目播出后反响很好，经常有朋友问我，在哪里可以品尝厨神们的手艺。现在，由佛燃能源集团股份有限公司和佛山电视台推出的《粤味厨神——百名粤厨的鲜香美味精选》一书面世了，这不仅是电视节目的延续，更是一本"舌尖上的美食地图"，让人流连忘返。我一定要向广大热爱粤菜、热爱生活的朋友隆重推荐。

　　生活离不开美食，美食离不开燃气。2018年佛山电视台提议和我们合作拍摄制作《粤味厨神》，大家一拍即合，很快达成了共识。

　　《粤味厨神》共100集，2019年6月28日开机，当年9月3日播出第一集，2021年3月11圆满收官。节目的创作团队非常执着、辛苦，两年多的时间足迹遍及粤港澳大湾区以及阳江、清远等地，深入大街小巷、乡间田野，寻人寻味，记录一个个有温度的美食故事。

　　两年多来，世界发生了很大变化，特别是疫情或多或少改变了我们的生活。现在回过头来看，通过这本书回顾名厨们的精彩演绎，别有一番心境，只觉得锅碗瓢盆、蒸炒煎焗之间氤氲的烟火气息分外亲切，即便是寻常的去处、寻常的饮食，都显得格外珍贵。

粤菜既是中国符号，又是岭南风味。《粤味厨神》节目和《粤味厨神——百名粤厨的鲜香美味精选》让粤菜师傅从幕后走向台前，展示技艺、讲述故事，以生动的形式让更多人了解粤菜文化、品尝佛山味道，是非常有价值的的工作。

一方水土养一方人，本书里的菜式都活色生香，平凡而经典，是我们普通老百姓触手可及的享受。您还可以把这本书当作散文来读。名厨们个个都有追求、有梦想，书中呈现的不仅是美食，更是一个个奋斗、坚守、创造的人生故事，这些故事和他们的厨艺一样出彩，让人回味无穷。

一位技艺精湛的师傅，必定有很多拿手菜；同样的食材，不同的师傅做出来又各有千秋。本书让我们充分感受到粤厨粤菜海纳百川、包容万象的精神和气魄。期待更多人带上本书，行走岭南，品遍粤味。

期待佛山电视台的创作团队，继续深入挖掘，精心制作，打造更多有温度、有力度、有厚度的粤菜文化精品之作，为进一步擦亮"世界美食之都""食在广东、厨出佛山"金字招牌贡献新的力量。

佛燃能源集团股份有限公司党委书记、董事长

2021年12月1日

目录

厨德立人

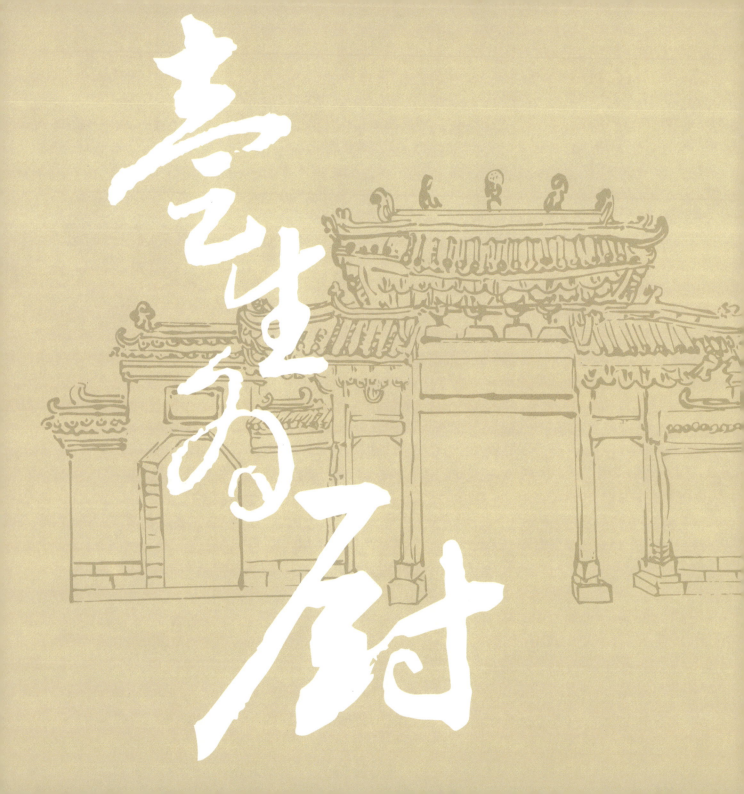

一生为厨

坚守一种手艺、一种传统。老辈粤菜名师们把失传名菜进行复原和传承，即使过程艰辛、社会浮躁，他们却从未放弃。他们致敬经典的匠人精神，为粤菜文化留下了珍贵的时代记忆。

感悟

我在佛山市禅城区创业职业技能学校教授厨艺至今已有十个年头，一直在这里的目的，就是想将自己积累几十年的粤菜饮食文化心得，在有生之年传承给年青一代，让他们继续发扬光大。

老匠新味　老菜新吃
——吴启莹

　　早上乘坐公交车到佛山市禅城区创业职业技能学校给学生上烹饪课，下午到公园和朋友们一起踢毽子、唱歌、聊天，关注天下事，这就是吴启莹师傅目前一天的生活。他虽然已年过花甲，仍保持着年轻的心境，热爱生活、热爱烹饪，对于粤菜的传承和创新，在他心中有一把"尺"，那就是色、香、味、形、器皿、营养、创意、卫生这八点为基调，万变不离其宗。

风味鸳鸯大鳝

牛油焗大虾

麒麟柱侯鸡

风味鸳鸯大鳝

在粤菜中，白鳝有好多种做法，如盘龙鳝、菊花鳝、顶骨大鳝、煎焗鳝等。吴启莹创新研发的"风味鸳鸯大鳝"则是用同一种主料，两种做法。取一部分白鳝切成金钱片状，拌椒盐下锅油炸，吃起来酥脆"惹味"，很适合做下酒菜。另一部分白鳝做成鳝球，再用彩椒和XO酱猛火爆炒，突出粤菜的香、滑、嫩等特色口感。一条白鳝，两种吃法凸显两种味道，展现了在味蕾上"双剑合璧"之妙。

麒麟柱侯鸡

刚入行时，吴启莹得到佛山柱侯鸡传人、烹饪启蒙师傅梁球的指导，制作传统柱侯鸡。"麒麟柱侯鸡"是吴启莹在传统做法的基础上创新改良，因外形似水面波光粼粼而得名。区别于传统柱侯鸡整只上台，麒麟柱侯鸡起肉去骨，更易于品尝。杏鲍菇软滑清香，莴笋脆爽可口，与嫩滑的鸡肉相融合，口感层次更加丰富，毫无违和感。这道菜代表广东烹饪协会（粤菜代表队）参加2020年在安徽省绩溪县举行的"全国八大菜系绩溪燕笋烹饪邀请赛"，获得金牌。

牛油焗大虾

说吴启莹心境年轻一点也不假，他偶尔还会和孙女一起"打卡"网红餐厅，品尝网红美食，"牛油焗大虾"就是他去西餐厅吃焗虾后萌生的美食灵感。这道菜运用了西式的酱料和西餐的烹饪方法，将洋葱粒、青红椒粒用牛油爆香，再加入大虾同炒。土豆、洋葱、牛油蒸熟后捣烂成泥，与大虾拌着吃，大虾酥脆鲜美的同时，洋溢着土豆和牛油的浓香，令人回味无穷。

风味鸳鸯大鳝

麒麟柱侯鸡

牛油焗大虾

吴启莹（右三）

　　吴启莹从事厨师行业近60年，经验丰富，一直重视粤菜的传承和发扬，在佛山华侨大厦工作了40多年，退休后在佛山市禅城区创业职业技能学校授课，麦准珍、郭元增、黄卫民、黎汉波等名店大厨都是其得意弟子，可谓是桃李满天下。

【烹饪小贴士：风味鸳鸯大鳝】

步骤：

（1）取一部分白鳝切成金钱片状，拌椒盐下锅油炸；

（2）另一部分白鳝做成鳝球，再用彩椒和XO酱猛火爆炒；

（3）两款白鳝摆好在一起即可，椒盐白鳝的酥脆"惹味"，酱爆白鳝的香浓嫩滑，一菜两吃，完美的搭配。

寻味指南

感悟

如果被称为「师父」，我觉得是对你在厨艺工作上的肯定，而不是「厨神」「厨霸」什么的。我永远把自己摆在学生的位置上，活到老学到老，你自己是不能标榜自己的。

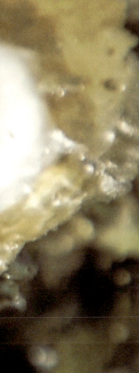

大师的菜　平而不凡
——黄炽华

　　大师的菜，是朴实的传承，更是平而不凡的人间至味。佛山饮食界大师级人物——黄炽华师傅，入行40多年，热情、执着，厨艺精湛，在业界备受尊崇，创作了多款为人津津乐道的名菜。他所创立的"华家班"精英云集，弟子入门要求简单：一要作风正派，尊师重道；二要有志向做好餐饮，肯钻研、肯吃苦。他常说这是一个以师带徒，亦师亦友，全方位开展烹饪技术以及餐饮经营管理的平台。黄炽华大师与140位徒弟一起为传承和发扬粤菜文化而努力。

铜盘煎生蚝

生焗多宝鱼

"华家班"拜师仪式

铜盘煎生蚝

如果把烹饪比作一场戏，黄炽华希望在他的剧本里，能体现出简单的食物、本真的生活。他的"铜盘煎生蚝"，采用广东阳江程村新鲜运到的生蚝，没有多余的技法加持，洗净、腌制后，平铺于铜盘中起火生煎，铜盘成了最有力的介质。它不像铁锅和不粘锅有足够的厚度承载，在铜盘上煎生蚝，需要严格控制好火候，让生蚝熟得恰到好处，熟而不老且外皮稍带点脆却不焦。

黄炽华用这道菜致敬曾经的一段"背锅"记忆，同时也以这道菜表明他回归食物本真的追求。20世纪90年代初期，香港兴起了一款"锅仔菜"，而佛山当时还买不到"锅仔"这种器皿，他便和同行去澳门，买了几十口锅仔背回佛山，这一段故事也成了当地流传多年的佳话。时隔数年后，他又再次"寻锅"，由于打铜器手艺逐渐失传，不易找到理想中的铜盘，辗转数间铜器铺才有所收获。工欲善其事，必先利其器。简单的一道菜，体现了黄炽华师傅对烹饪的极致追求。

生焗多宝鱼

40多年的烹饪经历，黄炽华因菜而生的故事数不胜数，其中"一条鱼救活一家酒楼"的例子甚为经典。1999年，他在佛山禅城酒店做鲟龙鱼宴，最壮观的时候，有1000多人相聚一堂，共享盛宴。这件事轰动了省港澳，当时还有香港旅行团专程慕名来吃鲟龙鱼宴，之后有人称"这位老兄用一条鱼救活一家酒楼"。黄炽华对各类鱼的烹饪游刃有余，他希望自己所做的每一道菜，都能贴近生活，与民同乐。

"生焗多宝鱼"就是一道能够边吃边分享的快乐之味。吃多宝鱼在20世纪80年代开始流行，一般的做法是清蒸、焖、起肉炒球，黄炽华认为多宝鱼的肉够滑却不够香，为了在"香"这方面下功夫，他用了粤菜烹调中的一个技法——生焗，几乎不要什么调味料，一个瓦煲加花雕酒慢慢浇灌，让多宝鱼的鲜香最大限度地释味。另外，黄炽华采用"堂做"，顾名思义，就是在厅堂里现场烹制，在食客的见证下完成烹饪，因为香味的带动效应，这道菜曾一晚上卖出56煲，再次打破他的个人纪录。

晒制生蚝

挑选铜盘

海鲜市场

黄炽华

【烹饪小贴士：生焗多宝鱼】

步骤：

（1）新鲜多宝鱼清理洗净，用毛巾吸干水分；

（2）沿鱼中间的主骨处斩开两边后再斩件，每件宽约2.5厘米，鱼头也斩开两边，一起调好味；

（3）瓦煲烧热下油，用姜、蒜、干葱爆香，鱼肉下煲，上盖，烧开后沿煲盖边淋上花雕酒；

（4）猛火焗熟，开盖后撒上葱白段即可，最大限度地释放出鱼的鲜香，肉质嫩滑，营养丰富。

寻 味 指 南

感悟

厨师这一行要学到老做到老，我也是在不停地研究、更要发掘、融合，包容不同的菜式，取长补短。虽然我年过花甲，但还在不断地自我增值，生命不息、奋斗不止。

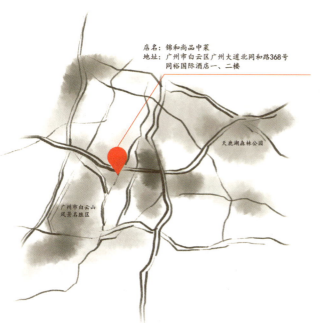

店名：锦和尚品中菜
地址：广州市白云区广州大道北同和路368号
同裕国际酒店一、二楼

天鹿湖森林公园

广州市白云山风景名胜区

南天鲍皇的大众情怀
——欧锦和

鲍鱼，往往是餐桌上备受瞩目的大菜，而擅长烹饪鲍鱼的厨师，往往是烹饪界的大师。一生心系鲍鱼烹调的欧锦和师傅，40多年的厨师工作都与鲍鱼紧密连接，他将对鲍鱼的热爱倾注于粤菜之中，在业界被誉为"南厨宗师""南天鲍皇"。

古法焖鲜鲍

原只番茄焗鲍鱼

鲍鱼上上签

　　1976年，年仅17岁的欧锦和离开家乡独自闯荡，到香港学习厨艺。当时香港的厨师每天工作13个小时，全年只有1天的休息时间，且气候潮湿，酒楼的厨房比较挤，夏天更是又湿又热，工作一天下来全身湿透，但欧锦和毫无怨言，认真学习。直到1988年，30岁的欧锦和成为独当一面的大厨，随后又被委派到澳洲工作。那里的海产丰富且价钱便宜，其中，鲍鱼营养价值高且吃法多变。因此，他想到了用鲍鱼来研制菜式，并立志要让鲍鱼在粤菜中展现出极致的一面。

古法焖鲜鲍

在2002年的第四届中国烹饪世界大赛上，欧锦和以一道原味制作、讲求技术功底的"古法焖鲜鲍"迎战并荣获金奖。他把鲜鲍做出干鲍的口感，其独特的烹饪技艺让人刮目相看，从此在业界获得"南天鲍皇"之美誉。这道菜是他的成名之作，做法是采用南非冰鲜鲍鱼，烹饪时要先定型，再用老鸡、火腿等制作干鲍汤底的原材料来焖12～15个小时才算完成。焖出来最佳的效果是鲍鱼内外色泽一致。火是厨师的灵魂，火候的充足，让鲍鱼软糯透心，刀子轻轻一划就切开，中心部位更有溏心的感觉。

原只番茄焗鲍鱼

欧锦和的心愿是要把鲍鱼做到大众化、平民化，"原只番茄焗鲍鱼"就是依照这个理念研发而来。番茄是很普通的食物，几乎全世界皆可见可得，有很高的营养价值。番茄整只去皮、汆水，然后熬糖醋汁，鲜鲍鱼放入番茄中，淋上自制的糖醋汁，入炉焗8分钟，焗完后焦香味扑面而来。朴素的番茄与华丽的鲍鱼相结合，酸甜软糯中既有鲍鱼的鲜美，又有家常的味道，再用酱汁拌上一碗白饭，温饱的幸福感油然而生。

鲍鱼上上签

近几年，中国北方地区的串烧很流行，年轻人都喜欢"吃串串"，于是欧锦和想到用鲍鱼来做串串，"鲍鱼上上签"就是这样创作而成。鲍鱼配上马蹄、秋葵、红椒一起串，融入幺麻子的钵钵鸡酱汁，既有麻辣鲜香的刺激美味，又蕴含着上上签的好意头，令人越吃越想吃。

精选鲍鱼

"古法焖鲜鲍"烹调过程

欧锦和

　　原本在国外发展得风生水起的欧锦和，在2012年决定回国，前后创办了"锦和尚品"中餐馆和个人工作室，积极地研究关于鲍鱼的新菜式。40多年来，欧锦和赢得了很多肯定和荣誉，他最希望的是把自己的毕生所学传授给下一代，让粤菜文化走得更远，发展得更好。

【烹饪小贴士：原只番茄焗鲍鱼】

步骤：

（1）番茄整只去皮、氽水，然后熬糖醋汁；

（2）鲜鲍鱼放入番茄中，淋上自制的糖醋汁，入炉焗8分钟；

（3）出炉后点缀葱花即可，酸甜的酱汁包裹着鲜美的鲍鱼，
　　激发食欲，酱汁拌白饭吃更是美味。

寻味指南

特產手信

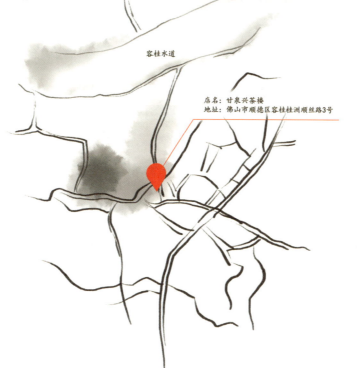

容桂水道

店名：甘泉兴茶楼
地址：佛山市顺德区容桂桂洲顺丝路3号

感悟

我们做点心就像做人一样，外表要大方，内里要纯良。做点心有些手工制作的工序是机器无法代替的，只有花心思做好，才能做出让人怀念的传统点心的味道。

手作公仔饼　妙肖 50 年
——周礼添

鱼仔饼、猪仔饼、佛公饼……这些统称为公仔饼，多数出现在中秋节。这种深得小朋友喜欢的象形饼是用饼模做出来的，做得好并不容易。还有一种公仔饼可能您很少见甚至未曾见过，那就是手作公仔饼，没有模具，全凭手工捏出来，成品栩栩如生，观赏价值极高。顺德容桂有一位老艺人周礼添师傅，他坚持纯手工制作公仔饼已有50多年，由他创办的甘泉兴茶楼经历了20多个春秋。来这里，您就可以见到多种手作公仔饼，以及品尝很多百年经典的中式点心。

手作公仔饼

鹅油酥

手作公仔饼

鹅油酥

　　有一次，周礼添与顺德饮食文化研究者廖锡祥老师探讨时，从《碧江讲古》中发现"自来牛乳称佳品，不及名传塞上酥"。经考证，这个"塞上酥"就是昔日碧江远近闻名的传统点心"鹅油酥"，已失传了数十年，两人对此兴奋不已，决定将这道历史名点还原出来。但问题随之而来，做点心较多用的是奶油、猪油、花生油，鹅油则很少用到。鹅油的作用是什么？起到怎样的效果？口感怎样？凭着周礼添几十年制作点心的执着、耐性和经验，经过无数次研制，终于做了出来。鹅油酥呈小巧蛋状，整颗腰果镶在正中央，金黄的色泽十分诱人，散发出鹅油独特的浓香，入口甘香松化，油而不腻，酥而不散，吃过后齿颊留香，令人回味无穷。不经意感慨失传的古老点心中蕴含的工艺与智慧，竟是如此的神奇……

手作公仔饼

　　"凡事用点心"，是周礼添对工作的执着态度。20世纪60年代，他入行餐饮工作，有幸得到桂州饼厂的多位名师指导，严师出高徒，周礼添练得一手扎实的烘烤基本功。手工制作公仔饼则是父亲周卓棉的口传心授。捏好公仔饼，需要用心、用巧、用情去制作，做出有肖、有妙、有型的作品，才会得到客人欣赏。这些技法周礼添都一一记在心里。经过日积月累的反复磨炼，周礼添成为手作公仔饼的大师工匠，默默地在容桂甘泉兴茶楼传承和发扬，如今儿子和儿媳都已经掌握手作公仔饼的制作秘诀。

鹅油酥

手作公仔饼

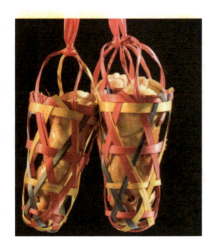

猪仔饼

周礼添（右）

　　每天清晨6点，甘泉兴茶楼开门营业，周礼添一家人十年如一日地忙碌着，经典的味道始终不变。崩砂、蛋黄酥、核桃酥、鸡仔饼、萨其马等陆续出炉，散发出诱人的饼香，吸引了很多食客前来捧场。对于点心的品质，周礼添要求一要外观好看，二要真材实料，三要坚持传统。点心的味道对于上一代人来说是情怀，对于年轻人来说是传承，只有味道不变、工艺不变、匠心不变，传统中式点心才能一脉相承、流传世代。

【烹饪小贴士：鹅油酥】

步骤：

（1）在低筋面粉中加入鸡蛋、糖粉、鹅油，揉搓成面团；

（2）面团在常温中自然发酵；

（3）将发酵后的面团分成小圆粒，揉成蛋状；

（4）刷上蛋液，放一颗腰果在正中央；

（5）放入烤炉中烤熟，成品金黄，香脆酥化，散发着独特的鹅油香。

寻味指南

探花公园

店名：日日新酒楼（明华路店）
地址：佛山市南海区九江镇明华路3号

感悟

我希望自己起到带头作用，多进行创新，把自己的经验传授给更多有志于入行的年轻人，继续研发新菜，从而丰富粤菜教材，传承九江美味。

新老并存　九江美食
——林国晖

　　花了10多年的时间和精力；从初级厨师证考到高级技师证，林国晖成了南海九江本土的资深粤菜师傅。为了研究更多的养生健康的药膳料理，他通过努力学习，终于拥有中医师资格。他还开班授徒，徒弟遍布全国各地。林国晖用实际行动验证了"活到老，学到老"以及"有志者，事竟成"的真理，对自己的定位早已不只是厨师这么简单，极致的博学精神和倔强执着的人格魅力，让他在本地美食界名声在望。

九江蒸排骨

年菜

盐焗多肉虾

　　入行30多年的林国晖曾经去过山西、湖南、北京等地，最终还是觉得九江好，正是这份对家乡的赤子情怀，让他一直致力研究和传承九江传统菜。他掌舵的九江日日新酒楼已经历20多载，是九江老字号酒楼之一，为了研制出自己独特的味道，他在酒楼顶层专门打造了一个玻璃房，酿造虾抽，生晒豆豉，晒腊味，晒药材干货等。在他眼里，九江菜的"和味"，充分地突出了食物味道的复合性和层次感，是其他地方的菜肴无法比拟的。

盐焗多肉虾

咕噜肉是很受欢迎的九江传统菜之一，现代人对它"又爱又恨"，爱之香口回味，恨之多肉肥腻。林国晖根据这个"痛点"设计的得意之作盐焗多肉虾，巧妙地将猪肉以"冰肉"的工艺制作出来，卷入开边的西江罗氏虾中，过油炸香后，加入自己秘制的盐焗粉炒香。既能吃到鲜虾肉的味道，又能吃到咕噜肉的风味。

九江蒸排骨

林国晖对九江的味道情有独钟，九江蒸排骨这道家常菜式无疑是他对九江味道最好的诠释。回忆几十年前，自己在九江酒家吃到的蒸排骨，从此对家乡的味道念念不忘。自己经营酒楼之后，便把这道菜作为主打菜。开业至今，坚持用心制作，味道始终如一，油、盐、醋、面豉、豆豉、辣椒、蒜头、糖的奇妙融合，令排骨吃起来一口留香，五滋六味，给人前所未有的味觉享受，最佳的吃法就是用牙签戳着吃，保留所有滋味。很多人都觉得这道菜过于家常，难登大雅之堂，但它却是九江人心中无法超越的美食。

制作虾抽过程

九江酿辣椒

林国晖

　　九江菜可以演变出更多高端大菜，是前辈老师傅的智慧结晶，非常值得学习和传承，不让它流失。林国晖的日日新酒楼不仅把传统菜延续至今，更不断推陈出新，怀旧的情意加上新颖的创意，让这家老店常常能带给客人新的惊喜。正如它的店名一样，日日新，每一日都是新的开始，每一日都有新的创意。

【烹饪小贴士：九江蒸排骨】

步骤：
（1）将新鲜排骨斩成小块，洗净后用毛巾吸干水分；
（2）加入油、盐、醋、面豉、豆豉、辣椒、蒜头、糖等调味料，充分拌匀，腌制入味；
（3）平铺在碟上，入锅蒸熟即可，排骨细腻嫩滑，肉汁丰盈，一次品尝多重滋味。

寻味指南

店名：叙福楼海鲜酒家（季华西路店）
地址：佛山市禅城区南庄镇季华西路1号

紫南文化广场

感 悟

我执着于色、香、味、形各方面的完美，对菜式的味道、质量、出品水平有一定的要求。将酒楼慢慢交给年轻人，希望他们能传承下去，把品牌越做越好。

"鸡"与"汁" 肥叔叔有心得
——关祖耀

　　"来到南庄，没吃过肥叔叔做的鸡，你就白来了。"这是禅城区流行的一句话，当中的"肥叔叔"就是南庄人关祖耀，经营着"叙福楼"这家老字号酒楼。其招牌菜"叙福咸香鸡"风靡20多年，被评为"2020年佛山市粤菜名菜"。"肥叔叔"的作品除了"鸡"还有"汁"，他善于用不同的香料去调配一些奇特的酱汁，让叙福楼的出品与众不同。

私房秘制花椒油

香茅焗鳝

叙福咸香鸡

叙福咸香鸡

对于广东人来说，"无鸡不成宴"，可见鸡在粤菜中的地位显赫。选鸡很重要，关祖耀亲自到鸡场，从鸡的品种、生长环境、喂养情况去考察，高明、清远、海南的各大鸡场他都去过，经对比，健康喂养，养足180日的清远麻鸡成为他的首选。

咸香鸡是广东地区比较普遍的粤菜，敢拿如此大众化的菜式作为自己的招牌菜，可见关祖耀的咸香鸡非同一般。一锅融汇10多种药材香料精华的汤，凝聚了他的烹饪智慧和多年研制的秘方，不添加任何防腐剂和色素，呈现纯天然的口味。"三上三落"的浸鸡技巧，讲究时间精准到秒，第一次浸30秒，第二次浸20秒，第三次浸10秒，让鸡里鸡外均匀受热有底味之后，再完全放到汤里加盖至浸熟，其间小火保温，不能让汤水沸腾。关祖耀一直将这老方法沿用至今，咸香鸡的味道经过几十年岁月流转仍始终如一，成为南庄人心中难忘的味道。

私房秘制花椒油

关祖耀认为，一道菜没有酱汁，就没有灵魂。早在经营酒楼之前，他曾从事味料采购多年，细心留意每个品牌的酱料配方，甚至去尝试不同酱料的味道差异。直至经营酒楼之后，他更深有体会，无论菜式做得如何花哨，味道始终是留住食客的根本。于是他开始自行研究酱汁，调配属于自己独有的味道。

关祖耀参考了市面上做花椒油的配方，进行了一次又一次的炼制尝试，青花椒取其麻，红花椒取其香，与10多种药材香料混合在一起，熬制出鲜香扑鼻的花椒油，运用到大众常见的一些菜式中，花椒鸡、花椒油蒸鱼、香茅焗鳝正是因花椒油的融入，给人焕然一新的惊喜。

挑选活鸡

叙福花椒鸡

关祖耀

　　叙福楼经历了20多个春秋，在很多人眼中可能是一家比较老牌的食肆。关祖耀和他的团队正努力发挥匠心精神，创造出一系列新派的菜式。他每天都如定海神针般坚守在酒楼，心血来潮时，更是闭门独自研究酱料。对他来说，家业需要坚守，美味更需要追求……

【烹饪小贴士：叙福咸香鸡】

步骤：
（1）香叶、八角、草果、花椒、葱等多种材料熬制浓汤；
（2）选用养足180日的清远麻鸡，处理好之后放入汤里浸，第一次浸30秒，第二次浸20秒，第三次浸10秒，让鸡里鸡外均匀受热有底味之后，再完全放到汤里加盖至浸熟，其间小火保温，不能让汤水沸腾；
（3）入味恰当后出锅斩件即可，嫩滑鲜香，鸡味十足，散发阵阵芬芳。

寻 味 指 南

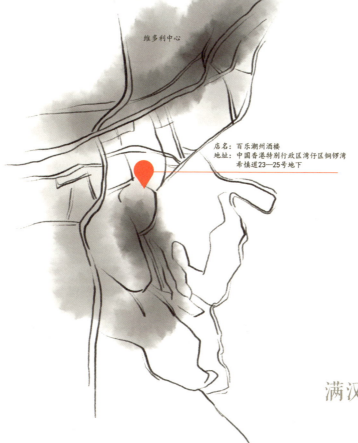

维多利中心

店名：百乐潮州酒楼
地址：中国香港特别行政区湾仔区铜锣湾
希慎道23—25号地下

满汉全席　全新演绎
——许美德

如何将粤菜做到极致，是许美德师傅入行30多年来不断思考的一个问题，在中华文明的历史上，他认为最极致的菜式莫过于满汉全席。据说清朝康熙帝为化解满汉不和，设巨筵宴百官，共108道菜式，分南菜54道、北菜54道。

曾在澳门的福临门酒楼，一席价值连城的满汉全席被复原出来，许美德师傅正是这场盛宴的统筹者。

龙船海参

龙船海参

龙船海参

　　2018年，香港群生饮食技术人员协会与澳门烹饪协会联合港澳两地多名厨师及专业顾问团，在1977年香港国宾酒楼举办过的"满汉全席"基础上甄选了15道菜式作为精装满汉全席，重现中华饮食经典。以现阶段能找到的最精华、最对应的食材，融合满汉两族烧、蒸、炒、煎、溜、浸、烩、扒、扣等健康有益身心的烹饪手法，将菜式重新演绎出来，承载华夏博大精深的厨艺精髓，带来具有宫廷奢华和民族风情的极致味蕾体验。

话说"满汉全席"有多金贵？"雁塔题名"以卤水雁鸭，配以黑松露、白芦笋、松茸等上等食材，摆出雁塔美景的造型。"王侯玉扣"采用西藏牦牛及龙趸双扣在大金瓜中，制作技艺相当考究。"烧哈儿吧"的猪腿是满族人行军和游猎的主要食材，采用全新烹调方法，重现这道满族经典菜式。"紫带围腰"选用日本16头～20头带子，配以富贵火腿和粤菜中经典的鸡子戈渣，相得益彰。还有"龙船海参""满堂吉庆""回锅大翅""福禄鸳鸯""雪菊鲟龙""瑶花素子""竹溪'蔬'影""民康甜饭""点心四式""南北佳果"等，15道菜式呈现了"满汉全席"的精华，其中极具代表性的菜式当属"龙船海参"。

龙船海参

这是"满汉全席"中一道代表南菜的菜式，对食雕技艺要求极高，而许美德的食雕手艺在业内颇有名声。经7天泡发的澳洲黄肉大海参，以上汤煨入味，再把冬菇、江珧柱、莲子等食材煨熟炒香后酿入海参内，淋上精心熬制的鲍汁，撒上一级虾籽。许美德用胡萝卜雕刻出栩栩如生的龙船造型，再配以精致的食雕花朵围边，观之赏心悦目，尝之鲜嫩美味。龙船对于中国人来说是一个特有的吉祥物，这道菜既蕴含了中华饮食文化，又展现了食雕造型工艺。

许美德和他的厨师朋友们

许美德

　　许美德常言"传统不守旧，创新不忘本"，美食是人与人的共同语言，是人与时空的记忆记载。而粤菜师傅们，则是通过美食将历史与未来进行连接，延续经典，生生不息。

【烹饪小贴士：龙船海参】

步骤：

（1）大海参泡发7天，清洗干净后，用上汤煨入味；

（2）冬菇、江珧柱、莲子等食材煨熟炒香后酿入海参内，淋上鲍汁，撒上虾籽；

（3）用胡萝卜雕刻出龙船造型，头尾分别置于海参两端，旁边再摆放食雕花朵即可，弹牙香嫩
　　的海参搭配丰富的馅料一起吃，馥郁鲜美。

寻味指南

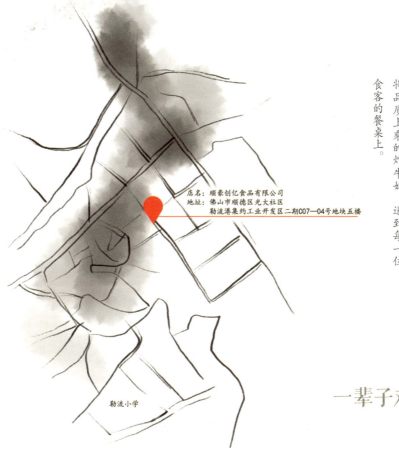

店名：顺豪创亿食品有限公司
地址：佛山市顺德区光大社区
　　　勒流港集约工业开发区二期C07—04号地块五楼

勒流小学

感悟

人这一辈子，总要做一件对得起时光的事。我的前半生，专注研究炸牛奶配方；那我的下半生，则要创办一家专注做炸牛奶的企业，将品质上乘的炸牛奶，送到每一位食客的餐桌上。

一辈子对得起炸牛奶
——郭尧生

以本地水牛奶为主要食材，顺德厨师创造了一个精彩纷呈的水牛奶菜式系列，其中炸牛奶这道经典的粤式压轴甜菜，在顺德人的餐桌上风行了几十个春秋。它诞生于20世纪70年代，至今有50多年，顺德厨师对炸牛奶的追求从未停歇，用料和做法一直在演变。郭尧生师傅用自己的努力，谱写了炸牛奶这道顺德美食的江湖传奇，几乎每一个品尝过的人，都无法抗拒它的甜蜜撞击。

炸牛奶

炸牛奶制作过程

炸牛奶

炸牛奶

传统炸牛奶是道手工菜，制作难度高，脆浆开得不好，表层就会出现破洞；牛奶蛋白对高温格外敏感，油温稍偏高，容易变焦。制作传统的炸牛奶，从楼面下单、厨房烹饪、出菜餐桌差不多要20分钟，品质不稳定，外皮咬下去是脆的，再往里吃却是韧的，郭尧生意识到改良传统炸牛奶配方和制作方法势在必行。

郭尧生对顺德菜中的炸牛奶尤为痴迷，从学徒开始，他每天都用心地在后厨重复着炸牛奶的13道工序。即便如此仍是频繁收到食客的投诉，很多师傅都劝他放弃，然而郭尧生不在乎这些，他觉得这是顺德名菜，一定要花心思把它做好。为了保证奶馅的质量，郭尧生专程前往水牛场把关，以"挂杯"的滴珠水牛奶为上乘标准，他希望用最好的本地水牛奶改良炸牛奶这道顺德美食，做到清、香、嫩、滑、脆的特点。煮牛奶看似只是简单地搅拌，却考验着厨师的耐心，高温易糊且搅拌不匀易结块。郭尧生经过无数次试验，调配出嫩滑香软的奶馅，解决了传统炸牛奶韧而黏牙的问题。

按照传统的生产工序，难以稳定炸牛奶的品质，于是他萌生了一个大胆的想法——创办一家生产牛奶卷的企业，将顺德炸牛奶的品质和生产标准化。首先他要解决外皮怎样可以做得更香更脆，尝试了3个月，从选粉揉面到面团切片，确定1.8毫米的精准厚度，经过无数次的试验，他和团队成功破译了工业化生产传统炸牛奶的密码，研究出绝佳的比例配方，加以人工包裹，保证奶馅完美无损。

炸牛奶

炸牛奶深受大小食客喜爱

采集新鲜水牛奶

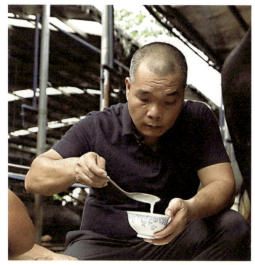

郭尧生

　　经过近一年的坚持，2014年，郭尧生创办的佛山市顺德区顺豪创亿食品有限公司投产，成千上万"齿牛香"牌奶卷从工厂配送到酒楼，经烹调后送上餐桌，佛山的美食文化也在这无数次的传递中精彩绽放！

【烹饪小贴士：炸牛奶】

步骤：

（1）新鲜水牛奶入锅慢火煮开，边煮边搅拌；

（2）放入适量白砂糖煮至融化；

（3）开淀粉水，慢慢加入水牛奶中，边加边搅拌，令水牛奶变得黏稠；

（4）倒入平底盆中放凉后，再放进冰箱12小时定型；

（5）取出切成大小一样的条状，每条包在面包薄片里；

（6）下油锅炸至金黄色即可，吃起来外酥里嫩。

寻味指南

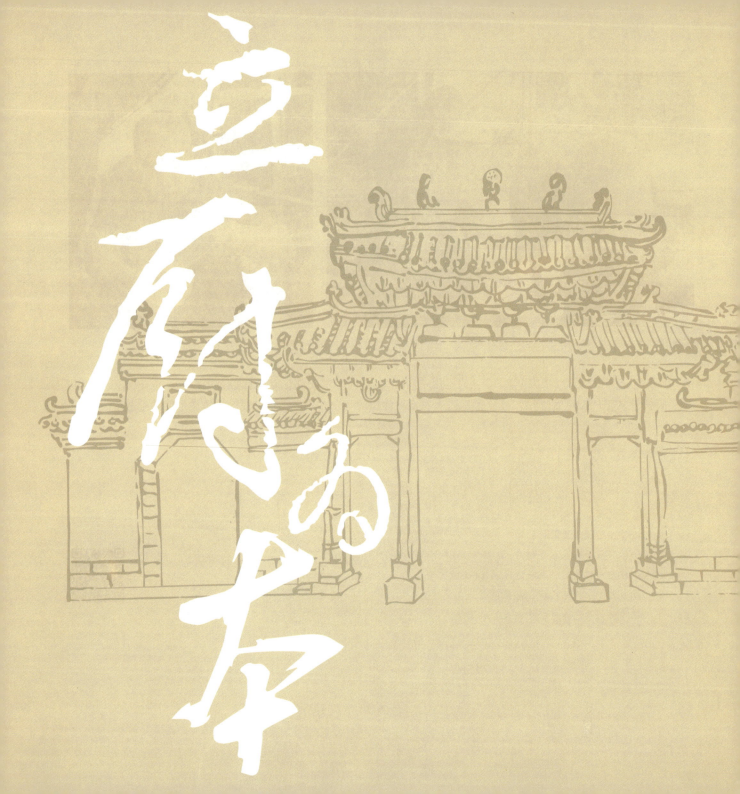

立原の本

立厨为本

凭借一个梦想、一份期盼，粤厨的青年才俊们走在执着于本味、挖掘粤菜精华之路上，立厨为本。通过感受他们烹饪鲜香的有趣故事，领略那寻根溯源、不时不食的传统饮食文化。

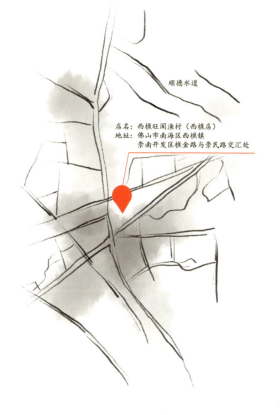

顺德水道

店名：西樵旺阁渔村（西樵店）
地址：佛山市南海区西樵镇
崇南开发区樵金路与崇民路交汇处

感悟

作为厨师，不能变的是对味道的执着追求，变的是应街坊的需求，不断做出人性化的改变。以前最开心的就是看到生意红红火火，现在最开心的就是看到街坊吃得开心。

从卖鱼小子变成工匠大师
——吴荣开

　　18岁开始卖鱼，每天工作长达20个小时，用一台租来的摩托车载着500多斤的鱼来回300多千米，这就是吴荣开师傅的人生初期。那时候，他还不懂厨师工作，是一心只顾赚两餐温饱的卖鱼小子。到人生中期，他华丽升级成为风生水起的餐饮老板，从一个大排档做到佛山知名餐饮企业——西樵旺阁渔村，生意火爆，2000多个餐位经常座无虚席。从昔日的卖鱼小子，到今日的餐饮大师，吴荣开在佛山饮食江湖中谱写了属于自己的神话。

吴荣开亲自打捞

挑选上等大豆

一口叉烧

　　刚踏足社会的时候，吴荣开基本上与厨师"绝缘"。在广州卖鱼有两年的时间，整天为了抢拿新鲜货而弄得身心疲惫，后来转行开了大排档。起初的时候备受质疑，很多朋友和客人都觉得他只会卖鱼，不会炒菜，更遑论开饭店。第一次开店，他对厨房之事一窍不通，连菜品价格都是由厨师长决定的。

第一次开餐饮店失败，整整40万元的亏损却没能将吴荣开击倒，"在哪里跌倒就从哪里站起来"，次月在原来的地方重新开店，他吸取教训，努力跟大师傅研习厨艺，菜式的出品和定价也不再假手于人，事事亲力亲为，优质的出品和平民化的价格得到食客的认可，最终这一年赚了90万元，这让吴荣开领悟到经营餐饮需要接地气。经过他多年的坚持和努力，从前的乡间大排档蜕变成如今的星级酒楼——西樵旺阁渔村，吸引了四面八方的食客前来寻味。

现在的吴荣开不仅是一名厨师，也是一位工匠。他在酒楼天台建立了自己的酱园，自制传统风味的面豉，经过选豆、洗豆、煮豆、混合、制曲等多重工艺，迎接美味的诞生。

新鲜狗果

狗果面豉蒸猪肉

狗果面豉蒸猪肉

吴荣开大师最喜欢什么菜式？他选择了用"狗果面豉蒸猪肉"这道家常菜来总结自己的餐饮人生。起初是为了还原太祖母做的味道，却没想到大受欢迎。自己生晒的面豉独具风味，最经典的是将狗果与面豉混合制酱，本土野果独有的甜酸味，中和了面豉酱本来的咸香味，与带皮的五花肉同蒸，甘甜鲜香的滋味勾起许多老一辈食客的回忆，也征服了不少年轻人的味蕾。在吴荣开眼中，这道名不见经传的菜代表着岭南人的美味智慧与生活方式，一方面承载着他童年时光的回忆，另一方面彰显了他对餐饮不懈挖掘的态度。

吴荣开（右二）

【烹饪小贴士：狗果面豉蒸猪肉】

步骤：

（1）将狗果和面豉搭配，做成狗果面豉酱；

（2）带皮的五花肉均匀切块，用狗果面豉酱腌制入味；

（3）上锅蒸熟即可，酱香浓郁，猪肉鲜嫩，是下饭的绝佳好菜。

寻味指南

广珠西线高速

店名：聚福宝合苑食府
地址：中山市南头镇升辉北路45号

立厨为本

感悟

身边的食材样样都是宝，怎样用自己的巧妙方法，炮制出与众不同的美味，这才是厨师的真功夫。

万吨船上农庄　演绎星级美味
——王深辉

　　所谓"近厨得食，近渔得鲜"。中山南头水域有一艘万吨大船，一群渔民，一位名厨，构建了独具特色的水上农庄——聚福农庄，掌舵人就是名厨王深辉。他把大船改造为水上餐厅，把渔民的新鲜鱼制作成诱人的美食，吸引了万千食客慕名而来。

59

铜盘啫鳝

铜盘啫鳝

盐焗海螺拼杏鲍菇

1985年，15岁的王深辉开始涉足餐饮行业，在酒吧学习调酒。灯红酒绿的酒吧未能让王深辉兴奋，他希望能学厨，有机会就闯荡厨界江湖，开一家属于自己的餐饮店。机会往往是留给有准备的人，王深辉四处寻师学厨艺，凭借自身的烹饪天赋和不服输的精神，多年后走出了一条属于自己的美食大道。

盐焗海螺拼杏鲍菇

王深辉做每一道菜，都比较注重摆盘和味道。他的"盐焗海螺拼杏鲍菇"荣获"中山十大名菜"的称号，大气华美的摆盘让人眼前一亮，其中的滋味更是令人期待。盐焗的方式让每一颗海螺都渗透着海水的味道及海盐的香味，配上杏鲍菇，烧汁一浇，爽口入味；芝麻一撒，锦上添花。海洋灵气汇聚在鲜美的海螺肉上，爽口的杏鲍菇散发着浓郁酱香，趁热吃一口，相得益彰的两种美味充斥唇齿间，回味无穷。

铜盘啫鳝

"啫"是粤菜特色的烹饪方式之一，几乎可用来烹饪所有食材。王深辉一改焖鳝、炸鳝等传统且比较黏口的吃法，他认为，"啫"是最简单、快捷的烹饪方式，能更好地保留鳝的原汁原味。他以独家秘制酱料配合特别腌制方法，充分渗入鳝的每一处，铜盘上放好生油和洋葱后，腌好的鳝片铺在上面。啫的做法对温度要求甚高，制作过程中需要不断转动铜盘，高温逼出鳝的鲜香，青红椒块与葱段做点缀。微微焦香，趁热吃，肉质紧致嫩滑，风味十足，吃完后不会感觉很油腻。一条普通的海鳝经王深辉的烹制，既保留了粤菜的风味，又创新了粤菜的味道，让人念念不忘。

盐焗海螺拼杏鲍菇

烧鹅

食客

王深辉

聚福农庄经历了十多年的风雨，王深辉以精益求精、开拓创新的态度烹调星级美味，让客人吃得放心。未来，王深辉将坚持着自己的这份初心，带领着聚福农庄的厨师团队，创造更多的美食，让食客源源不断地"食过返寻味"。

【烹饪小贴士：铜盘啫鳝】

步骤：

（1）海鳝切成均匀金钱片状，用毛巾吸干水分；

（2）用姜丝和调好的酱料将海鳝腌制入味；

（3）洋葱和生油铺在铜盘上，把海鳝片平铺在上面；

（4）制作过程中要不断转动铜盘，海鳝熟后放青红椒块与葱段做点缀即可，香味扑鼻，爽嫩可口，回味无穷。

寻味指南

店名：芳芳鱼饼（上佳市店）
地址：佛山市顺德区上佳市新有路4号

大凤山公园

感悟

无论是做人还是做菜，一定要真诚，不要弄虚作假。我自己做厨师的心得，不是说把这道菜做得如何出神入化，而是说客人认可自己的出品，就已经乐滋滋了，食客的口碑让我们的店更有信心发展下去。

家传味道　秘制鱼饼
——张长荣

一条鲮鱼究竟有多少种做法？顺德人的说法就是"千滋百味"，据说一条普通的鲮鱼在顺德厨师手中可以演绎超过100道不同风味的菜肴，而"均安鱼饼"则是销量极高的顺德名菜之一。张长荣用家族传承秘方炮制的鱼饼，其鲜甜爽口征服了无数食客，在顺德四大家鱼类菜式中一枝独秀。

鲮鱼切片

指导女儿

均安鱼饼

　　20世纪80年代初，张长荣的父亲是顺德市均安镇南沙社区有名的村宴厨师，尤其擅长用鲮鱼起肉做鱼饼，别具一格的鲜美让街坊们赞不绝口，张长荣对这道菜尤为倾心，从此跟随父亲外出做酒席，立志成为一名优秀的顺德厨师。经过15年潜心学习厨艺和钻研粤菜，张长荣闯出了属于自己的天地。

均安鱼饼

　　用家传秘方来突出鲮鱼的鲜味，张长荣经数次改良，对选料尤为重视，亲自到鱼塘选用标准的"三口鲮鱼"（1斤3条），还要根据不同天气及湿度来调整鱼肉与配料的比例，坚持天然无添加。鲮鱼多刺但味道鲜甜，张长荣用娴熟的刀法把鱼肉切薄，一改鱼饼有刺的口感，剁成细泥的鱼茸后加入调味料，朝着同一个方向搅拌，将鱼茸摔打至起胶，做成饼状下锅煎至两面金黄。出锅的鱼饼味道鲜甜馥郁，口感弹牙，溢出些许鱼汁，鱼香扑鼻，比寻常鱼饼更胜一筹。

　　正当厨师工作处于稳步上升时期，张长荣大胆决定开店创业，专注经营鱼饼等鱼类食品生产。一瞬间，他从高薪厚职的行政总厨变成"全能杂工"的企业老板，创业过程中尝遍了酸甜苦辣各种滋味。如今，他所创立的"芳芳鱼饼"在均安、容桂，乃至整个顺德以及中山地区家喻户晓，连珠三角、香港、澳门，甚至外省的食客吃过后都赞赏有加。大家都认准"芳芳鱼饼"，宁愿排队等半小时也要买来吃，因为这是被大众认可的正宗顺德味道。

张长荣制作鱼饼过程

张长荣

　　用最真诚的烹饪态度来炮制每一块鱼饼，正是这份坚韧专注的粤厨精神，让张长荣的"均安鱼饼"代表顺德越走越远。现在他把这门手艺传授给女儿，不仅希望家族技艺得以传承和延伸，还希望更多人能加入粤厨行列，一起将粤菜发扬光大。

【烹饪小贴士：均安鱼饼】

步骤：
（1）鲮鱼起肉，剁成鱼茸；
（2）加入调味料后朝着同一方向搅拌，摔打鱼茸至起胶；
（3）做成饼状下锅煎至两面金黄即可，鲜甜弹牙，鱼香浓郁。

寻味指南

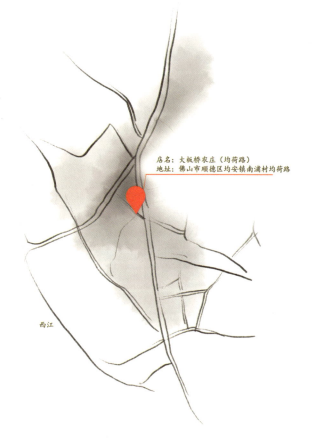

感悟

自己的想法就是『活到老、学到老、做到老』，久不久要出去增长一下见识和拓宽视野，保证我们『均安蒸猪』的味道延续下去。

店名：大板桥农庄（均荷路）
地址：佛山市顺德区均安镇南浦村均荷路

西江

家传四代　均安蒸猪
——李耀苏

　　猪肉是餐桌上较为常用的食材之一，煎、炸、焖、炖、炒等不同的烹调方式让一块平凡的猪肉焕发出各种惊喜的味道。顺德均安的特别做法——均安蒸猪，被称为顺德名菜中的贵族，在美食界获奖无数，更让猪肉的味道不同凡响。在均安，会做蒸猪的师傅很多，各家各户自有秘诀，但口碑较好、食客推荐的，还是出自非物质文化遗产（以下简称"非遗"）代表性传承人李耀苏之手的"均安蒸猪"。

均安蒸猪制作过程

均安蒸猪

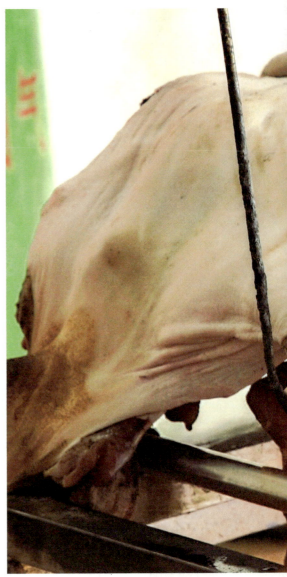

均安蒸猪制作过程

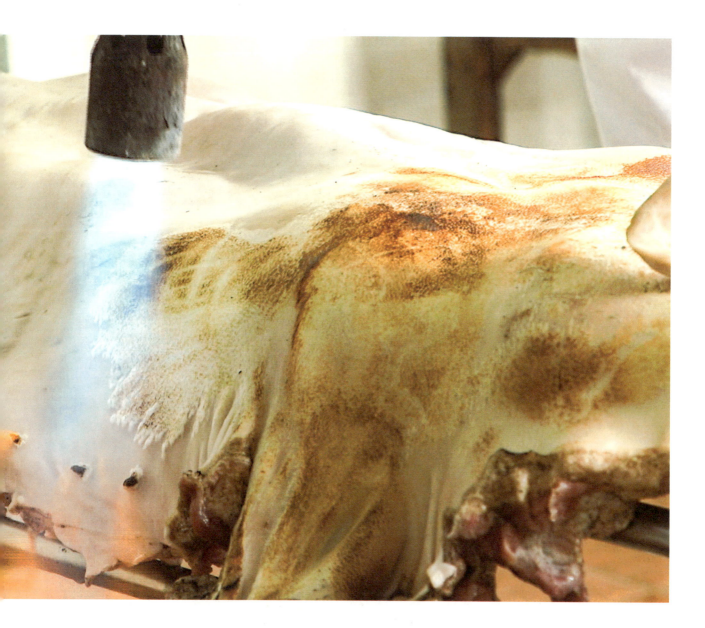

"均安蒸猪"有过百年的历史，与顺德古老的祠堂文化一脉相承。在传统的风俗里，每年的清明节和重阳节，当地人都会在祠堂举行祭祖仪式，村内德高望重的长者将猪肉分给各户人家，以求全村人获得庇佑，共享殷实饱餐，所谓"太公分猪肉，人人有份"。

李耀苏的蒸猪技艺，经过家族四代传承，发扬至今已深入人心。曾祖父李学宗对"均安蒸猪"的做法、配料进行了改进，让蒸猪更适合顺德人口味。祖父李树兴将蒸猪分割成块，用竹箩装着，挑担上街摆卖，引来很多街坊争相购买，用芭蕉叶包着拿回去一家大小享用。父亲李星照开了一间熟肉铺，经营"均安蒸猪"等熟食，在均安的蒸猪档中，李星照的蒸猪极受大家欢迎。李耀苏13岁那年到广州五羊城酒店学厨，从打杂到炒锅师傅，练熟了烹饪基本功。每到假期必定回家跟父亲学习，在父亲的言传身教中，李耀苏逐渐掌握了这门家传技艺，经过多年的拼搏，在均安南浦开了大板桥农庄，主打家传蒸猪和本地特色农家菜，在餐饮界颇具盛名。2018年，"均安蒸猪"制作技艺入选第七批区级非物质文化遗产名录，李耀苏成为蒸猪技艺非遗代表性传承人。

均安蒸猪

开店以来，李耀苏用心钻研厨艺，对"均安蒸猪"的制作技艺进行了多次改良，确定了独家秘制的配方。选用100斤左右的原只土猪，去除大骨之后，将肉均匀地改刀切块。随后把盐、糖、胡椒粉等调味料均匀地涂抹到猪肉的表面，用手按摩揉搓，两个小时后，配料的味道渗入猪肉的每一个细胞中，美味的秘诀就在这里。旧时的蒸猪多采用竹制的棚架，但是竹棚长时间使用便会附着油渍，既不卫生也不雅观。李耀苏在保持蒸猪原汁原味的基础上，大胆改用不锈钢架，这样在蒸制的时候便会让猪肉受热更加均匀。腌制完成后，把全猪放在特制的杉木盒里，盖上盖子，大火隔水蒸制。约半个小时后，用钢针在猪皮上扎孔。用冰水浇皮，再蒸15分钟。如此一来，猪肉的油脂在蒸制的过程中化去，吃起来肥而不腻，干爽清香，皮爽肉滑，撒上白芝麻增加口感及香味，回味悠长。猪肉软糯，搭配清爽的黄瓜和自家腌制的酸姜一起吃，酸爽解腻。

食客

"均安蒸猪"熟食店面

李耀苏（右）

作为"均安蒸猪"的第四代传人，李耀苏用实际行动践行厨师的本分，把地道的顺德美味呈现给各方食客。他还曾带着自己的蒸猪，多次代表顺德参加国际厨艺交流活动，与美国、墨西哥、瑞典等国家名厨同台献艺，让顺德"均安蒸猪"走出国门，香飘世界。

【烹饪小贴士：均安蒸猪（家庭版）】

步骤：

（1）选用猪腩肉，均匀地改刀切块，但不要切破皮；

（2）用盐、糖、胡椒粉等调味料腌制两个小时；

（3）上锅隔水蒸约半个小时后，用钢针在猪皮上扎孔；

（4）用冰水浇皮，再蒸15分钟；

（5）出锅后切成均匀小块，撒上白芝麻拌匀即可，吃起来肥而不腻，口感爽滑，在清新的味道中感受猪肉纯正的鲜香。

寻味指南

店名：寻味顺德·珍之宝酒楼（伦教总店）
地址：佛山市顺德区伦教镇常教居委会宁新路西1号

伦教大涌

感悟

我对菜式的执着就是绞尽脑汁，反复尝试。在创作灵感里面，以新派粤菜为主，融合本土的顺德味，也有别处的风味。装盘要靓，而且华丽，酱汁的演变，加上味道的多元化，再呈现出我的顺德底蕴，就是今天的新派粤菜。

厨跨南北　味在顺德
——卢国生

电影《功夫》塑造了成功的包租婆形象，本来元秋是陪朋友去面试的，结果被周星驰相中而入选。同样的桥段真实地出现在顺德厨师卢国生身上。17岁那年，他陪朋友去餐厅面试，机缘巧合下他也入选了，从此进入餐饮行业并一路走向巅峰……

油泼白鳝

鲜鲍螺

　　卢国生入行30多年，最初在大良清晖园楚香楼工作，那里是顺德厨师的摇篮，让他刷新了对顺德菜的烹调认知和领略了顺德菜的文化底蕴。随后，他走南闯北多年，把全国各地的口味、饮食特点融入他的菜式创意之中。2000年，卢国生在山东济南打拼，成功打开了粤菜在山东的市场，这段经历为卢国生独具风味的新派融合菜埋下了种子。

油泼白鳝

　　白鳝营养丰富且老少皆宜，是土生土长的顺德食材。卢国生将30余种香料药材用食用油高温熬制，获得独特香味的料油，把新鲜热辣的料油浇在切成花刀的白鳝片上，热油将鳝肉烫至刚刚熟的程度，肉质最为爽嫩，香料药材的精华味道为鳝肉加冕，鲜美升级，吃过后齿颊留香、回味无穷。卢国生这道油泼白鳝，真正做到了油而不腻，别出心裁的清香让人一吃难忘。

油焖鲍螺

　　酱汁的研发一直是卢国生非常注重的，一道"油焖鲍螺"就是体现他新派融合菜特点的完美答案。鲍螺是大连的特色食材，卢国生把它引进粤菜，让两地菜式达到融合的境界。随着油焖汁的风靡，他将其中的辣味降至最低，通过使用鲁菜特有的"油焖"烹饪技巧将鲜、香、甜、辣、咸等诸多滋味融入鲍螺之中，加上顺德烹调元素突显本土味道。酱汁的香甜搭配鲍螺的鲜美，此味觉体验让人在品尝过后难以忘怀。

油泼白鳝

油焖鲍螺

卢国生

　　集众家之长，成一家之味。30年从厨，不忘初心。将顺德菜里深厚的底蕴保留下来，然后融合不同地域的菜式风味，形成一种鲜明的粤菜格调。卢国生将继续在顺德这片美食土地上深耕新派融合粤菜，用秘制酱汁点亮更多惊喜的味道。

【烹饪小贴士：油泼白鳝】

步骤：
（1）将八角、香叶、花椒、葱段等材料放入食用油中高温熬制；
（2）白鳝起肉斩件，切成花刀，腌制入味；
（3）瓦煲内莴笋块垫底，白鳝片平铺在上；
（4）将滚烫的料油浇在白鳝片上，将鳝肉烫熟，让肉质肥美的鳝肉吃起来肥而不腻，还交织着
　　　清新的芳香。

寻 味 指 南

感 悟

记忆中的老味道最能暖人心，我对传统美食都是很执着的。想打造有温度的餐饮店，既要有旧时的味道，又要有一份能通过味觉品尝到的感情。

店名：德云居
地址：佛山市顺德区北滘德云街29号

碧江金楼

老房老菜　至情至圣
——王福坚

　　在寻找王福坚大厨的路途中，宛如走进一片世外桃源，小桥流水、绿树环绕、宁静美好，远离城市的喧嚣。这个隐藏在北滘老街里的美食之地——德云居，一砖一瓦、一草一木都颇具古典魅力。这一大片房屋已有上百年历史，而王福坚大厨就如同电影中的隐世高手，身怀烹饪绝技。

鱼皮角

头抽豉油鸡

碧绿炒鱼皮角

　　德云居位于顺德北滘镇碧江村，邻近碧江金楼，这里有一大片古老民居，处处生机盎然，青砖房的大门上贴着红春联，绿树上挂着红灯笼，朴实的喜庆氛围贯穿其中，德云居已从一家小型私房菜菜馆发展成今日远近闻名的觅食"打卡胜地"。王福坚大厨在这片古朴雅致的环境中，以顺德特色美食迎接八方食客，视觉与味觉的双重享受唤起许多人记忆深处的至情滋味。

碧绿炒鱼皮角

作为顺德四大家鱼之一的鲮鱼，在佛山这座美食城市中能找到过百种吃法，"碧绿炒鱼皮角"就是一道将顺德人"脍不厌精"的精神发挥极致的岭南美食。其做法是把反复摔打起胶的鱼肉混合面粉，增强外皮韧度和鲜味，用擀面杖压成一张张圆形的角皮，以优质猪肉、鱼肉、海捕虾仁、白芝麻为馅料，然后对折捏制而成，成品外形扁平且呈半圆形角状而得名。鱼皮角最常见的吃法就是上汤浸，王福坚别出心裁，将煎香的鱼皮角与鲜蔬、百合再次炒制。晶莹剔透、鲜香爽滑的"碧绿炒鱼皮角"，俘获了不同年龄的食客。

头抽豉油鸡

在广东素有"无鸡不成宴"的说法，王福坚的"头抽豉油鸡"历经从古至今的改良，成就了它与众不同的美味。选用传统方法晒制的头抽，是这道菜的精华所在。选用自然放养的农家走地鸡浸泡在里面，让豉油充分渗透到鸡肉中，鸡皮呈现金黄亮丽的色泽，里面的鸡肉鲜嫩可口，洋溢着传统风味的豉香。经过宣传，许多身在远方的客人特意为这道飘香十里的名菜登门寻味。"头抽豉油鸡"还在由顺德区文化广电旅游体育局主办的"2019寻味顺德招牌菜"评选活动中，被评为"2019寻味顺德招牌菜"之一，可见这道菜的制胜之道。

头抽豉油鸡

王福坚

一方水土一方情，每道传统美食都蕴含着地方情意，凝聚着烹饪智慧。我们应用心传承发展，让经典得以延续。从厨多年，王福坚大厨一直坚持寻味本心，还原记忆中粤菜的至情滋味。

【烹饪小贴士：碧绿炒鱼皮角】

步骤：

（1）把反复摔打起胶的鱼肉混合面粉，用擀面杖压成一张张圆形的角皮；

（2）以优质猪肉、鱼肉、海捕虾仁、白芝麻为馅料，用角皮对折捏制；

（3）下锅煮熟后，煎至两面金黄；

（4）与鲜蔬、百合再次炒制即可，口感爽滑弹牙，鱼皮角的鲜香经炒制后更为突出。

寻味指南

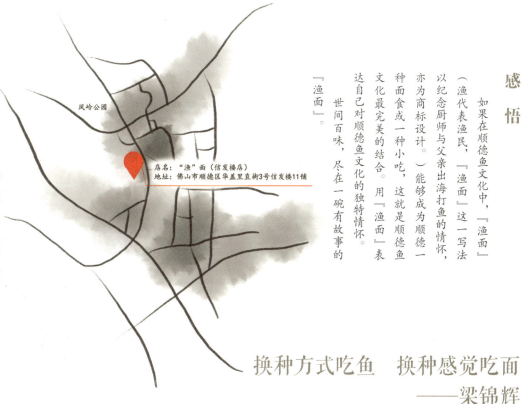

凤岭公园

店名："渔"面（信发楼店）
地址：佛山市顺德区华盖里直街3号信发楼11铺

感悟

如果在顺德鱼文化中，『渔面』
（渔代表渔民，『渔面』这一写法
以纪念厨师与父亲出海打鱼的情怀，
亦为商标设计。）能够成为顺德一
种面食或一种小吃，这就是顺德鱼
文化最完美的结合。用『渔面』表
达自己对顺德鱼文化的独特情怀。
世间百味，尽在一碗有故事的
『渔面』。

换种方式吃鱼　换种感觉吃面
——梁锦辉

　　早在清朝道光二十五年（1845年），顺德清晖园
的家厨制作贺寿菜式，他把鱼肉剁碎、搅拌成鱼胶，
再挤成面条状，制成"长寿渔面"，此菜得到主人家
和全场宾客的赞赏，从此，"顺德渔面"成为"凤城
美食经典"。但"渔面"制作工艺复杂且成本昂贵，
未能得以广泛流传，并逐渐销声匿迹。如今，顺德有
一厨师名为梁锦辉，入厨20多年，对"渔面"情有
独钟，一直醉心研究"渔面"的生产和烹饪。功夫不
负有心人，梁锦辉终于成功开设食品加工厂以及"渔
面"美食店，把传统"渔面"量产化并实现大流通，
首创 "大佬辉渔面"品牌，现在很多餐厅酒楼都大量
使用这款顺德"渔面"。

炒"渔面"

蟹柳"渔面"

上汤"渔面"

梁锦辉的职业生涯从顺德大良仙泉酒店开始，这是20世纪80年代全国领先的四星级酒店，能在这里上班是十分令人羡慕的事情。梁锦辉对此很珍惜，虽然他一开始的岗位在酒吧，负责调酒。但他利用空余时间什么都学，向其他岗位同事请教，厨房的炒镬、楼面的管理，甚至菜式的蔬果雕刻都成为他学习的内容。经过几年的摸爬滚打，梁锦辉练就一身本领。所谓"鱼不过塘不肥"，学有所成的梁锦辉进入另一家五星级酒店工作，正式成为厨房的一员大将，施展他擅长的顺德厨艺。后来他又去了著名的顺德清晖园楚香楼工作，在这里学到更多经典的顺德名菜。

在清晖园的楚香楼，"渔面"以主食的角色呈现在宴席上，当时仅是有钱人才能品尝到的美味。梁锦辉觉得这是极具顺德特色的美食，美味又有营养，若能做成大众化的小吃，让老百姓能吃得起，那就是一件造福社群的好事。

2002年起，梁锦辉着手研究"渔面"产业计划，他根据历代顺德厨师的手艺经验，用了4年时间整理出一套"刮鱼青""挤渔面"等步骤的标准化生产流程。又用了3年时间研制出能模拟人手制作"渔面"的生产机器，直到2017年，他的"渔面"机器投产，次年创立顺德区大良羽景韵食品加工厂，成功量产化生产标准的"渔面"及其他鱼制品。2020年，梁锦辉的"渔面"文化体验店坐落于"渔面"发源地的清晖园旁边，提供煮、炒、拌、捞等多种出品，滋味万千，为大家展现了缤纷的"渔面"美食世界。

梁锦辉（右）向儿子示范制作"渔面"工序

梁锦辉

梁锦辉还对"渔面"的品质做出改良，以性温不燥热且许多地方都有的大头鱼代替了燥热且局限于岭南地区的鲮鱼，提高了"渔面"的营养，保持了鱼肉嫩滑、爽嫩带劲的口感。同时他还为众多餐饮企业提供优质的货源，自行开设多家"渔面"专门食店，"大佬辉渔面"品牌崭露头角，"渔面"美食大众化的局面正式来临。

经过20年的努力，梁锦辉用自己的方式演绎顺德人对鱼的热爱与追求，如今要想轻松吃到最正宗的顺德美食，不管是线上售卖，还是到店品尝皆可实现，现今的"渔面"不再是有钱人方可享用的华贵菜肴，而是广大群众都能轻松品尝的朴实小吃，"大佬辉渔面"让更多人能换种方式吃鱼，换种感觉吃面，领略顺德鱼文化的博大精深。

【烹饪小贴士："渔面"】

步骤：

（1）选用 1.5 ～ 2.5 千克的大头鱼起肉、"刮鱼青"；

（2）加入适量调味料后顺着同一方向搅拌，摔打至起胶；

（3）将鱼胶装进裱花袋中，剪开小口，双手配合挤入烧开了水的锅中；

（4）待"渔面"熟后捞出，可随意进行汤煮、爆炒等制作，吃起来鲜香爽滑，劲道十足。

寻味指南

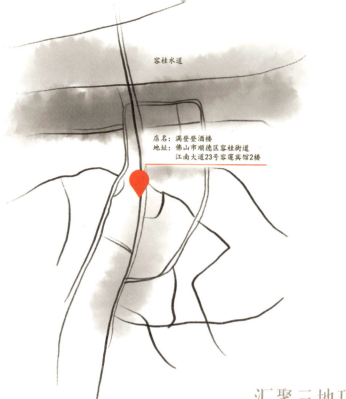

容桂水道

店名：满登登酒楼
地址：佛山市顺德区容桂街道
江南大道23号容莲宾馆2楼

感 悟

以前很自我，现在更多的是想
『别人』，希望客人吃得更开心。

我跟自己讲，我永远都是一个厨
师，这是我的根。

汇聚三地巧思　绽放粤菜臻味
——黄德恩

　　家乡在韶关的黄德恩，其饮食习惯中带有客家的
色彩，再经过在香港潮江春集团主营潮州菜的历练，
最后来到顺德创业开餐厅，客家菜、潮州菜、顺德菜
三种美食因子交融，让黄德恩在高手云集的顺德餐饮
战场上闯出一片天地。

"顺德土鲍"黄鳝饭

当初，黄德恩在韶关市技师学院学厨的时候，老师发了《烹饪工艺》《点心工艺》两本书，当他看到"工艺"两个字，突然觉得很兴奋，同时对这份烹饪事业产生了尊重和敬畏，并一路奋斗至今。

芋蓉酿豆腐卜

"顺德土鲍"黄鳝饭

　　黄鳝饭在珠三角远近闻名，如何把台山黄鳝饭的口味嫁接过来，做出顺德风味的黄鳝饭，是黄德恩十分重视的问题。在顺德这片神奇的土地上，他找到了比普通黄鳝饭更胜一筹的秘诀，添加一味具有300多年历史的"经典食材"——四基淡口头菜，因其形似鲍鱼，被称为"顺德土鲍"，与黄鳝饭搭配，口感相宜，香味独特。这点小改变，足以让淡口头菜的咸香绽放出令人惊艳的野性味道。

芋蓉酿豆腐卜

　　这道菜名字虽然普通，但选材相当讲究，七分粉糯的广西荔浦芋头与三分幼滑的红芽芋头，二者严苛的配比，呈现和谐统一的口感。加入韶关的冬菇和潮州的虾米，炒出来的芋蓉更为香气扑鼻，用剪刀在南阳豆腐卜上剪出口子，再将炒好的芋蓉酿入其中，最后入锅蒸15分钟即可。酿豆腐是特色客家菜，通常都是嫩豆腐与猪肉馅的结合，黄德恩独具匠心的创意，以爽口的豆腐卜代替了嫩豆腐，以粉糯幼滑的芋蓉代替了猪肉，新派的健康美味，给人不一样的味觉体验，一尝难忘。

四基淡口头菜

菜式制作过程

　　黄德恩回忆童年，曾看到天上一群鸟飞得很低而感到疑惑。祖母告知，鸟要飞高，就要先往低飞，这样才有足够的力气向上冲。当时不明所以，随着自己阅历的增长，领悟出这个人生哲理——要想成功就必须经得起低谷，厚积薄发，坚持努力，终能攀上属于自己成功的高峰。

黄德恩

【烹饪小贴士："顺德土鲍"黄鳝饭】

步骤：

（1）选用细幼黄鳝，氽水至七成熟后折肉丝；

（2）瓦煲内的水开后放米，加点油，先大火煮开，再中火焗，然后慢火收饭焦（锅巴）；

（3）热锅下油，姜米、肉姜、砂姜炒至焦黄后放入黄鳝丝，用筷子轻轻搅动、摊薄，两面煎至微焦；

（4）先往煲内饭的侧边放油，再依次放葱花、芫茜平铺饭面，后将黄鳝丝平铺在上，加入四基淡口头菜粒，
　　　盖上盖慢火煮25分钟即可，黄鳝的鲜香、头菜的咸香、米饭弹牙与香脆的双重口感，呈现完美的味道。

寻 味 指 南

店名：水乡人家私房菜
地址：佛山市顺德区杏坛镇逢简水乡永兴路1号

顺德支流水道

感　悟

人生中很多美好的回忆都记录在餐桌上，品尝美食，获得最大的幸福感。厨师是一个高尚的职业，所以我会一直做下去，我希望能找回更多失传的味道，能让漂泊在外的游子找到回家的路。

游子回归　旧味重做
——陈锦桂

　　小鱼在绿水中嬉戏，小鸟在屋梁上鸣唱，小艇划过古桥，水面泛起涟漪……杏坛逢简水乡的原生态美景使它成为顺德旅游"打卡"胜地之一。其中让人心动的始终是那地道的顺德美食，每天吸引着成千上万慕名而来的游客。在逢简有一家水乡人家私房菜，由名厨陈锦桂和妻子用心经营，这里充溢着他们的浪漫人生和甜蜜味道。

脱骨脆皮糯米鸡

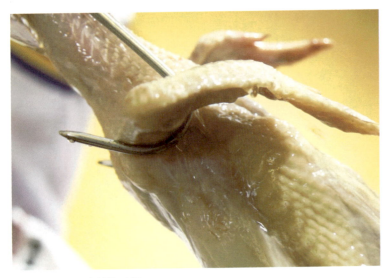

脱骨脆皮糯米鸡制作过程

脱骨脆皮糯米鸡

大蕉焖水鸭制作过程

　　陈锦桂从18岁开启厨师生涯，跟随师傅走南闯北，从后厨杂工做到餐厅主厨，他一步一个脚印，走出属于自己的厨艺人生路。命中注定他在顺德停止漂泊，安家立业，爱上逢简，爱上妻子，把他对顺德美食的热爱倾注在水乡人家的私房菜里，就像做给家人吃一样，每天用心烹饪一道道顺德经典菜，迎接四面八方食客的到来。

大蕉焖水鸭

　　乡间随处可见的大蕉，看似平平无奇，但在陈锦桂眼里却非比寻常。小时候物资短缺，大蕉也能制作出美味佳肴。为了延续这份味觉回忆，他将粉香清甜的大蕉与滋阴清热的水鸭相结合。生大蕉又糙又涩，需要煮制一小时，剥皮切块后与煎至金黄的水鸭肉加水同焖，大蕉的果香和水鸭的肉香在焖制的过程中相互交融，这便是家乡名菜"大蕉焖水鸭"。

脱骨脆皮糯米鸡

　　这道顺德经典名菜由于制作工艺烦琐，早已失传多年。陈锦桂深爱着这道菜，经过数十次的试验，终于让它重现江湖。其做法：鸡先要进行脱骨，过程十分考验厨师的耐性和刀工，先从鸡脖处开始剪开鸡皮，把鸡骨完整剥落下来，其间不能把鸡皮戳破。脱骨后的鸡用秘制腌料腌制9个小时，确保入味。再用贵州珍珠糯米，搭配冬菇、江珧柱、腊肉等多种配料一起炒熟，食材搭配巧妙，相得益彰。把炒好的糯米饭捏成团，塞入鸡肚中填满，再用钢针缝好鸡肚，鸡身淋上"皮水"，挂起来风干水分，最后放入烧鹅炉中烧制45分钟方可出炉。薄脆的鸡皮搭配香糯的米饭，滋味无穷。加上没有骨头，让食客大快朵颐地享受这鸡肉的鲜香，吮指回味的乐趣让人陶醉。

陈锦桂

迎着微风，面朝美景，那淳朴和谐的逢简水乡，孕育了缤纷多彩的顺德美食。陈锦桂将对家乡、家人的爱融入烹饪，把水乡灵气展现在传统顺德菜之中。在他心目中，酒，越久越醇厚；菜，越老越长久。顺德味道，源远流长，薪火相传。

【烹饪小贴士：大蕉焖水鸭】

步骤：

（1）把生的大蕉连皮下锅煮熟，剥皮后切块；

（2）姜片等料头起锅，水鸭斩件下锅煎至两面金黄；

（3）大蕉块下锅翻炒，加水与水鸭一同焖制，水鸭的鲜香与大蕉的酸甜相融合，香浓而不油腻。

寻味指南

感悟

很多厨师追求的是原生态，以前做厨师的时候很想自己有一家农庄或者小餐馆，现在算是实现了自己的目标。以后想以竹为主题，打造以竹为中心的美食。

成竹在胸　美味其中
——黄永德

　　蓝天白云下，青山碧水间，南粤大地蕴藏着许多珍贵的食材，厨师黄永德懂得欣赏，把它们当成宝，并欣然挖掘出来，以师法自然的烹饪技艺把这些纯天然的食材演绎成一道道诱人的原生态美食。

107

蕉叶糍

酸姜炒魔芋豆腐

竹笋清水鸭

南粤大地就像一张美食的藏宝图，山珍、田粮、河鲜、海味，比比皆是，而位于广东省西北一隅，湘、粤、桂三省交界处的清远市连山壮族瑶族自治县，食物以粤北山区客家风味及瑶族风味为特点，在广东美食版图上别具一格，引人注目。20多年前，黄永德开始在广州做厨师。有一次，陪同妻子和儿子回清远探亲时被乡村的发展以及当地的原生态食材所吸引，于是决定留在清远市连山政岐村，做起自己的风味小餐馆。

活竹酒

竹笋清水鸭

　　黄永德在村中的一片竹林里"敲竹取酒"，这是将白酒注入竹腔进行二次发酵的"活竹酒"，是当地有名的特产。黄永德从竹林挖出"雨后春笋"，这种生长速度极快的蔬中珍品对于厨师而言，是不可多得的应季食材。最后，黄永德抓到一只原生态清水鸭，它是喝山泉水长大的，肉质特别鲜甜。黄永德回到餐厅开始烹调，竹笋和鸭肉同焖，加入"活竹酒"点亮鲜气，空气中弥漫清冽的笋香，鸭肉的细腻搭配春笋的爽嫩，每一口都洋溢着春日生机。葱郁的竹林为黄永德提供了烹饪的灵感，制作出最纯粹的自然佳味。他的菜式得到客人的称赞，小店生意日益兴旺。

酸姜炒魔芋豆腐

　　魔芋是颇受连山当地人喜爱的一种食材，村民喜欢把魔芋刮皮后将块茎磨成芋泥，经过一番手工熬制成魔芋豆腐，黄永德把它升级成为一道本地名菜——酸姜炒魔芋豆腐。魔芋本味清淡，与自然腌制的酸姜相结合，口感鲜嫩爽滑，味道酸甜香辣，用来拌饭吃味道极好。

黄永德

　　黄永德的菜品充满自然气息的幻化，在这片秀美山林中，原生态的食材为黄永德提供了无限的烹饪灵感，他将在这片天地里继续创作更多大自然气息的山野佳肴，与食客分享人与自然和谐共存的真谛。

【烹饪小贴士：竹笋清水鸭】

步骤：

（1）竹笋去皮、洗净、切片、焯水，盛出沥干待用；

（2）水鸭洗净、斩件，沥干待用；

（3）热锅放油，鸭肉下锅小火煎至两面金黄盛起待用；

（4）姜片起锅，鸭肉和竹笋下锅翻炒，调味后，加"活竹酒"同焖，竹笋与鸭肉相得益彰，鲜香爽嫩，散发着酒的清新香醇。

寻味指南

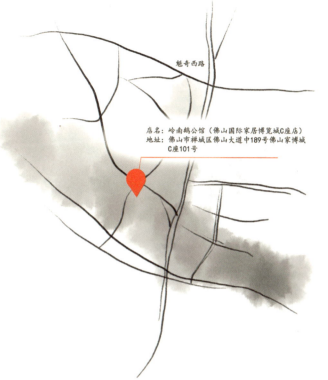

店名：岭南鹅公馆（佛山国际家居博览城C座店）
地址：佛山市禅城区佛山大道中189号佛山家博城
C座101号

感悟

不疯魔不成活，一人一生只爱一物，要做就做到极致。虽然事业做得不大，但是行行出状元，相信只要自己一直把鹅菜做下去，总有一天，会被看见。

为鹅痴狂　一味情长
——廖宗成

入行18年，专攻鹅这一种食材烹饪，朋友们戏称他"走火入魔"，他就是厨师廖宗成，为鹅痴狂地研发菜式，在佛山率先打造了极具岭南特色的专做鹅菜的餐馆——鹅公馆。多年来，廖宗成一直为弘扬鹅的饮食文化，推广鹅的经典菜品而努力，"打造品鹅风味名店，传承岭南美食哲学"是他美食人生之路上，不懈追求和奋斗的目标。

乡村古法禾秆草干逼鹅

　　廖宗成来自有"中国厨师之乡"之称的广东广宁。20世纪90年代初，廖宗成的家人纷纷创办餐馆，他觉得虽然餐馆生意不错，却没有哪道菜特别能打动自己，唯独是对于鹅这种食材有独特的童年记忆，加上廖宗成的性格是做一件事就研究一件事，一定要做"透"，这令他下定决心，一心一意只做鹅菜。

廖宗成烹调鹅菜

全鹅宴

冰心天鹅酥

乡村古法禾秆草干逼鹅

逢年过节，广东许多地方有"太公分猪肉"的习俗，但在廖宗成的家乡广宁分的却是"鹅"。味道是有记忆的，也是有情感的，尤其这道"乡村古法禾秆草干逼鹅"，就是廖宗成在外打拼仍念念不忘的家乡味道。选用3.75千克以上的黑鬃鹅，上下薄铺一层禾秆草，用禾秆草把鹅熏至金黄，再清洗斩件，鹅肉切成2厘米宽、4厘米长为佳，炒的时候不放油、不放水，纯粹用干逼的方法爆炒，再焖，逼出鹅本身的油，炒制过程中要把鹅的水分逼干，锁住鹅的鲜香。在廖宗成的童年记忆里，鹅这个食材意义深远，古法烹制的鹅更是别具风味。

功夫鹅汤粉

"功夫鹅汤粉"曾入选2020年"佛山十大名菜"，是广东特色汤粉创新做法的一种，之所以用"功夫"来命名，是因为做好这道美食要花不少功夫，其中有制作高汤的工艺、有手打鹅肝丸的做法、有濑粉的传统制作及食材雕刻的手艺。高汤选用养足260日的黑鬃老鹅，加上陈皮、老姜、胡椒、猪骨、土鸡脚一起精心熬制8个小时而成。鹅肝丸是把鹅肉与鹅肝捶打百遍制成。濑粉采用乡下传统做法，用早稻米加冷饭一起开粉起浆，以纯手工制作完成。上菜时还采用了功夫茶的方式呈现，把预先雕刻好的娃娃菜和鹅肝丸、濑粉一起放入碗中，再倒入滚热的高汤，"功夫鹅汤粉"瞬间如花般盛开，色、香、味绽放。高汤馥郁、鹅肝丸鲜美、濑粉爽滑，看似一碗寻常的汤粉，却蕴藏了卓然的技艺和非凡的美味。

杏鲍菇爆鹅肠

香薰鹅肝

功夫鹅汤粉

廖宗成

历年来，廖宗成与团队不断创新，对应二十四节气，推出了二十四道鹅味，有鲍鱼焖鹅、黑椒煎鹅扒、香薰鹅肝、鹅血旺、杏鲍菇爆鹅肠、鹅蛋蔬菜卷等菜式，既有传统的岭南特色菜，也有中西餐融合理念的菜式。也许，匠人匠心，就是一份简单的美食初心。按照廖宗成的话来讲，就是一分"情有独钟"再加上九分"持之以恒"。

【烹饪小贴士：功夫鹅汤粉】

步骤：

（1）用鹅肉、猪骨、土鸡脚、陈皮、老姜、胡椒一起熬汤8个小时；

（2）鹅肉与鹅肝融合，手打成鹅肝肉丸后下锅煮熟；

（3）濑粉煮熟后放在碗内，放入鹅肝肉丸；

（4）高汤冲制后尽快享用，品尝最佳滋味，加热的鹅汤慢慢冲开米粉的黏性，赋予嫩滑的口感。

寻味指南

立厨为本

感悟

我作为一个蜑家人，开了蜑家妹酒楼，为推动我们一些水产品走向市场出一分力。努力研究蜑家菜，希望把蜑家菜做得更好，做出我们独特的海鲜菜系风味。

粤海大道

店名：蜑家妹蜑家菜馆
地址：广州市南沙区万顷沙镇14涌下南堤东侧1号

懂吃才是道　水上蜑家菜
——郭英杰

在广州南沙新垦区水域，至今还活跃着一群水上生活的居民，因其艇如蛋形，故称之为"蜑家"。"不时不食，不鲜不食"的理念造就了蜑家菜别具一格的鲜美。南沙水域海鲜资源得天独厚，靠海、懂海、煮海，便诞生了像郭英杰这样有智慧的资深老饕，追求着舌尖上的奢华享受。

钵仔蒸虾蜊膏

蒸腌虾蜊

原只蒸顶级奄仔蟹

　　从小在南沙水上人家长大的郭英杰，对于哪个时节鱼、虾、蟹最肥美了如指掌。虾蜢，是自然生长的水生扁壳蟹，外形稍扁，壳较软且薄，螯幼且细，个头不大。它生长繁殖的黄金时期是每年3月到11月，尤其在农历五月初五前后，膏是最饱满的。以前的虾蜢是用作饲料喂鸭，懂吃的人会十分珍惜这份自然的馈赠，郭英杰就是其中一个，他把虾蜢做成一物两食。捕获当季的肥美虾蜢，经过精心筛选，将其成为餐桌上的美味佳肴。

钵仔蒸虾蜞膏

从虾蜞身上提取的膏是其精华，与鸡蛋和油、盐等调料打发均匀后，放入锅中温火蒸熟。尽管是简单的烹饪方式，也足以呈现美食的最高境界，这就是疍家菜的特色。蒸熟后的虾蜞膏，犹如晨光初露，散发着黄金般诱人的色彩，虾蜞膏的鲜美完全被激发出来，每一口都是柔软馥郁的享受。

蒸腌虾蜞

很多人误以为腌虾蜞就是放盐，像腌咸鱼那样去制作，而疍家人的腌制是通过刀法实现的，将虾蜞去除爪子，然后去壳，只剩附带着膏的虾蜞主体。因为虾蜞生长在咸淡水域，本身就有点咸，所以放少许盐，即可上锅蒸。出锅后的虾蜞，身上黏着一层膏油，颜色金黄，口感绵滑，味道清甜，还有一种大海的特殊风味。

原只蒸顶级奄仔蟹

郭英杰挑选出极品级的奄仔蟹，即尚未交配的雌蟹，它的盖基本是黑色的，体内油脂丰富，蟹膏金黄带红，脂香四溢，肉质清甜。新鲜的奄仔蟹生猛活泼，烹饪前必须冰冻10分钟，这样可以保持其外形完整，入炉前要把蟹反过来摆盘，保持蟹汁不会流失，无须多余佐料，清蒸就是最高的礼遇。蒸熟后掰开奄仔蟹，立即呈现爆膏流油如熔岩爆浆，肉质洁白晶莹如金香软玉。品尝奄仔蟹不用任何调料，原汁原味的鲜甜让人无法抗拒。

晾晒鱼干

南沙水上人家

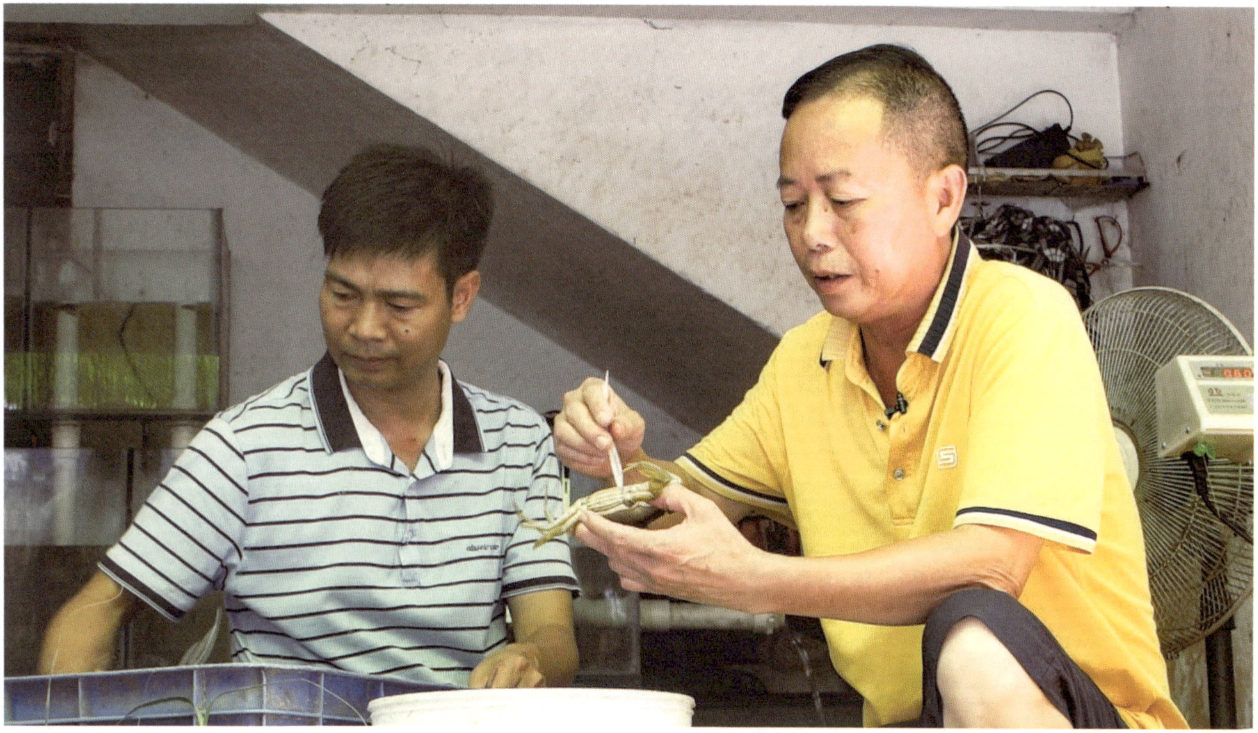

郭英杰（右）

渔火炊烟，味之鲜处在疍家。这里特有的疍家美食，吸引着无数海内外的食客，已经成为美食者必来的“打卡”之地。点上一桌疍家菜，深深感受一番独具岭南野趣的水上风情。

【烹饪小贴士：钵仔蒸虾蛷膏】

步骤：

（1）虾蛷洗净，提取出虾蛷肉和膏，沥干水分后放在钵仔里；

（2）放入鸡蛋、盐、油、蒜蓉，打发均匀后上锅用温火蒸熟即可，味道鲜香馥郁，口感柔软，是拌饭的绝佳选择。

寻味指南

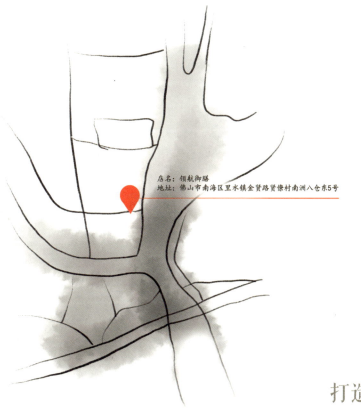

感 悟

制作美食其实是给自己心灵上的一种慰藉，因为做厨师这行与家人聚少离多，我更希望将人间的烟火味和一种团圆的感觉带给每一个朋友。

店名：领航御膳
地址：佛山市南海区里水镇金贤路贤像村南洲八仓东5号

打造梦里水乡百花宴
——叶韬

百花盛开不仅好看，而且好吃。鲜花都可以做菜吃？是的，在佛山市里水镇的贤鲁岛，无数鲜花尽显万千美态，纵然四季变换，可此处的花香芬芳却永不停歇。就是在这美妙的大自然中，叶韬师傅把绚丽的鲜花写入菜品，希望用他天马行空的想象力，通过科学的搭配和食材的应用，将鲜花与美食相结合。

蓝蝴蝶山水豆腐

天顶玫瑰鸡

金莲飘香

在里水镇的乡间小道上，叶韬驾驶着他心爱的机车，追逐着风，寻找着梦。他在贤鲁岛上开了一家以生态环境为主题的餐厅——领航御膳，在这个鸟语花香的世界里，他用自己的方式研制出百花宴，创造了餐桌上繁花似锦的华美和清香脱俗的味道。

叶韬对食材的要求非常严格，在"领航御膳"附近的土地上建起了自己的原生态基地，种植大量蔬菜瓜果和各种花卉，随摘随food，保证食材的新鲜。从摘花到成菜上桌，整个过程只要20分钟左右，他认为食材上桌前经历的周期越短，做出来的菜品越完美。一壶"梦幻花海"响起百花宴的前奏，由玫瑰、薄荷、鸡蛋花、菊花、康乃馨等多种食用植物搭配而成的花茶，叶韬轻轻摇晃水杯，欣赏着彩虹般的绚丽，品味着缤纷的芳香，滴滴馥郁如甘露般润泽心田，以舒适的心境迎接百花宴。

金莲飘香

"金莲飘香"这道雅致的炖汤，使用精肉加入银鳕鱼做成狮子头，与金莲花同炖，吸附了肉的油脂，留下甘美的清香，汤色清澈见底，蕴含丰富的营养价值。

白梅花黑松露笋壳皇

当白梅花与黑松露被叶韬安排在餐桌上邂逅时，笋壳鱼的出现擦出了美味火花——"白梅花黑松露笋壳皇"。通过手工去骨、切片的野生笋壳鱼上锅清蒸，出锅后以白梅花和黑松露点缀在每一块鱼肉上，鲜甜得到飞跃式的升华，层次分明的味道、原汁原味的香气，咀嚼鱼肉时感受它在舌尖的跳动。除此之外，百花宴中的"天顶玫瑰鸡""蓝蝴蝶山水豆腐""桂花蜜番茄"等，每道菜都会成为味蕾深处最美好的回忆。

桂花蜜番茄

白梅花黑松露笋壳皇

叶 韬

　　叶韬师傅打造的百花宴精美绝伦，用繁花赋予生活积极的意义，品尝时仿佛畅游在芬芳飘逸的花海中，远离城市的喧嚣，沉浸在大自然的和谐与宁静中，别具一番轻松自在感。花香佳肴召唤着许多人一路跟随，来到贤鲁岛这香气四溢、颜值爆表的花花世界里，走进"领航御膳"赴一场视觉与味觉的华丽盛宴……

【烹饪小贴士：白梅花黑松露笋壳皇】

步骤：

（1）选用 1.5 千克以上的笋壳鱼，去骨、切片；

（2）腌制后的鱼肉放入碟中摆盘，上锅大火蒸约 7 分钟；

（3）出锅后将白梅花和黑松露均匀点缀在每一块鱼肉上，幽香的味道激发鱼肉深处的鲜美，肉质嫩滑，品尝原汁原味的美味佳肴。

寻 味 指 南

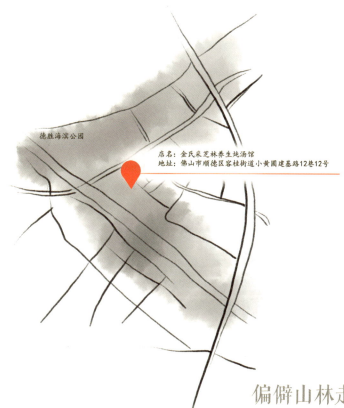

德胜海滨公园

店名：金氏采芝林养生地汤馆
地址：佛山市顺德区容桂街道小黄圃建基路12巷12号

感悟

用靓的材料，专注地做好出品，做好一个炖汤，将健康养生的理念带给更多的食客。

偏僻山林走出"养生汤大师"
——何建柱

出身于中医药世家的何建柱经常穿梭在清远连州姚寨的丛林山路间，手法娴熟地采摘需要的养生汤膳药材。他坚持在源头采摘是质量的保证，所以一年中，大部分时间他都在外寻觅。专注养生饮食研究十多年，用药食同源的理念融入炖汤里，开创养生汤膳。"宁可食无菜，不可食无汤"，对广东人而言，汤是餐桌上的重要角色，汇聚食材的营养与鲜味，以甘露清泉之态守护着人类的健康。

原盅炖汤

炖汤材料

原盅炖汤

　　春祛湿、夏散火、秋润燥、冬进补，四季流转，在不同时节喝上一盅适时的炖汤，是广东人必不可少的健康模式，汤在餐桌上并非仅是一种简单的菜肴，更代表了广府人对"药食同源"的理解。

凭多年的烹调经验，何建柱认为炖汤不需经过复杂的制作过程，能够原汁原味地保留食材营养且容易被人体吸收。老火汤在熬制的过程中会产生嘌呤，不利于健康，相比之下，炖汤更为养生。加上他中医药世家的背景，对中药了解甚深，将药材的疗效与食材的营养相结合，赋予炖汤新境界。

五指毛桃汤

何建柱从连州山林里采摘回来的五指毛桃、党参、淮山和牛大力一起放入炖盅。他认为，炖汤一定要用猪脊肉，因其比较瘦，适宜做成肉球放入炖盅，这样炖出来的汤才不会有油，往炖盅加水时注意不能冲散肉球，否则会影响汤色且汤会混浊，慢火清炖3个小时效果最为理想。这道汤具有舒筋活络、健脾开胃之效，品尝时能感受大自然的气息与药材的芬芳，瞬间让人倍感轻松，味道甘香清甜，对恢复精神很有帮助。

上山采摘药材

分拣药材

何建柱

经过多年的苦心钻研，何建柱收集了大量的民间及权威中医给出的调理汤方，再结合自家祖传的"何氏养生药膳汤"方子，三方合一，研究出五脏调理、男士养生、女士养生、中老年养生、儿童健康、九大体质酿汤等系列的药膳炖汤。运用药食同源的概念，配合多年的精湛厨艺，昔日的"苦口良药"转变为如今的"可口药膳"，让大众欣然接受。所创立的"金氏采芝林养生炖汤馆"，根据季节气候的转换，推出适应的汤品，用养生汤膳引领健康饮食新风潮。

【烹饪小贴士：五指毛桃汤】

步骤：
（1）五指毛桃、党参、淮山、牛大力洗净放入炖盅；
（2）猪脊肉剁碎，做成肉球放入炖盅，再慢慢加水，注意不要冲散肉球；
（3）慢火清炖3个小时即可，汤色清澈，味道甘甜，有助于快速恢复精神。

寻味指南

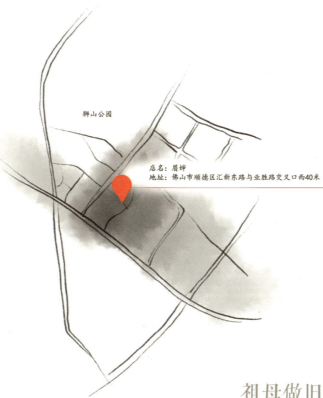

狮山公园

店名：眉婶
地址：佛山市顺德区汇新东路与业胜路交叉口西40米

感悟

现在会做这样的传统小吃的人大多是老年人，年轻人很少愿意学，工序多，食材难找，可是奶奶每天看到我做这些小吃，她就很开心，因为我能把她的手艺传承下去。

祖母做旧美食　孙女做新营销
——曾眉英、郑秀芬

当今各种新媒体风起云涌，老百姓的生活多姿多彩，美食亦是日新月异，却有一些古老的味道在人们的记忆深处依旧屹立不倒。走进顺德容桂的农村，来到"眉婶手工作坊"，年近九旬的民间厨娘曾眉英和她的孙女郑秀芬，每天都在制作各种顺德传统小吃。虽然隐藏在村庄深巷，但知名度极高，每天都因为订单太多而忙得不可开交，眉婶的"粉丝"越来越多，而这一切源于"朋友圈"的威力。

咸肉粽

苹叶角

油角

店铺门牌

　　曾眉英老奶奶坚持手工制作顺德传统小吃80多年，从小被美食熏陶的郑秀芬得祖母的手艺真传，以祖母之名，开设"眉姊手工作坊"，专营手作传统小吃，将这份美味延续下去。为了能让更多的人吃到祖母保留下来的老味道，她发挥"朋友圈"的优势，每做完一道小吃，都会习惯性地拍成品图或小视频发到"朋友圈"，"眉姊"美食逐渐"火"了起来。

苹叶角

　　苹叶角，顺德人称之为"噎"，本来是逢年过节才能吃到的传统小巷美食，在这里可是每天都订单满满，很受欢迎。郑秀芬每隔几天都要驱车一两个小时寻找苹婆叶，祖母强调，必须用苹婆叶来裹，做出来的味道才正宗。用糯米粉加入冰糖水揉成面皮，也有将新鲜艾草汁融入糯米粉中揉成艾味面皮，更多了一份芳香，再用冰糖花生碎或红豆沙做馅料，最后用苹婆叶包裹，绿油油的成品美观可爱。面皮有纯真的原味及清新的艾味，馅料有甜脆的冰糖花生及绵软的红豆沙，搭配起来都是内心深处怀念的味道。

油角、咸肉粽

　　年味十足的油角也是这里的人气小吃，红豆煮软后炒爽作为馅料，按传统的围边手法包裹，炸出来的油角特别美味，拼着松糕一起蒸，充满着怀旧气息。而制作咸肉粽，则需要提前一晚泡好糯米、杂粮，猪肉也需要提前用五香料腌制，还坚持用最传统的柊叶和草绳来包裹。

曾眉英（右二）、郑秀芬（右一）

苹叶角、油角、咸肉粽、千层糕、马蹄糕、双皮奶、姜醋、酸子姜、芝麻糊……"眉姊手工作坊"的美食皆选用顺德本地的传统食材，沿用传统的方法进行制作，就是为了保留经典的老味道。

互联网给她们带来知名度和订单，让她们忙得不亦乐乎。郑秀芬希望这份承载着顺德特色的美食记忆能够好好保留下去，在新媒体的加持下，将传统小吃传向四方。

【烹饪小贴士：苹叶角】

步骤：

（1）用糯米粉加入冰糖水揉成面皮；

（2）制作冰糖花生碎或红豆沙馅料；

（3）面皮包裹馅料后用洗净的苹婆叶对折包好，牙签穿插叶片开端口定型；

（4）上锅蒸熟即可，面皮软糯不黏牙，馅料香甜，飘逸着苹婆叶的清香。

寻味指南

141

感 悟

做这些传统小吃一点都不能马虎，前辈教的，所谓「慢工出细「货」」，要很有心思才能做得到。尽自己的能力，一代一代地传下去。

慢工出细"货" 家乡大煎堆
——陈淑琼、郭有燕

　　每当傍晚时分，家家户户炊烟四起，飘出诱人的饭菜香味，牵引着无数归家人的心，这就是家的味道。顺德全民皆厨，全民乐厨，无论男女老幼都擅于烹饪，并有自己的一两道拿手菜。陈淑琼和郭有燕两位民间厨神，以"三洪奇大煎堆"为绝活，在顺德北滘镇无人不知，无人不晓。

三洪奇风貌

三洪奇大煎堆

煎堆制作过程

　　顺德北滘镇每年举办的"文化创意市集"汇聚了众多手工艺人展现自己的创意产品，美食也是其中重要一环，由陈淑琼和郭有燕两位民间厨神合力制作的"三洪奇大煎堆"总能成为大家关注的焦点。她们以丰富的经验和娴熟的技术演绎这门传统手艺，展现三洪奇村的风土人情。

煎堆是广东地区独特的小吃，各地的煎堆因其形状和馅料的不同而各具特色，"三洪奇大煎堆"则以大为妙。每年岁末，当地人喜欢左邻右里聚在一起做大煎堆，煎堆越大寓意来年越富足，家庭团圆美满。陈淑琼和郭有燕是三洪奇村的炸煎堆能手，即使如此，她们都坦言每次炸煎堆都是一个挑战，分量、时间、火候、力度稍有差池，煎堆就炸不大，炸不圆。

三洪奇大煎堆

制作这道美食的原料看似简单，但手工非常繁复。首先是制作馅料，以烧酒拌白糖制成糖浆，与大小均匀的上等爆米花充分混合，当中的调配比例凝聚了她们30多年炸大煎堆的经验和智慧。拌匀的爆米花有黏性，轻捏抓成圆球状，半小时后，一个个香甜饱满的馅料散发着米酒的醇香，馅料制作完成，下一步是煮糊擀面皮。煮熟糊是最关键的一步，就是把粉揉好，面团以不黏手为最佳，捏出一块块小面片放入锅内烧开的糖水中熬煮熟糊，再将生、熟糊均匀混合，待面团稍凉后，按分量称粉团，用擀面杖压成薄皮，再包裹馅料，收口成型。之后是开油锅，传统上认为，在锅耳处插上黄皮叶后，才能把油锅烧开，无论何时何地炸大煎堆，传统的仪式和礼节缺一不可。最后的20分钟非常关键，她们聚精会神地在热油里有节奏地翻滚着煎堆，热胀冷缩的物理反应，让大煎堆的体积增加了至少两倍。传说中像足球般大的"三洪奇大煎堆"完成了，圆润的外形，金黄的色泽，让人在品尝双重香脆甜蜜的同时，体会淳朴和喜悦的年味。

生、熟糊混合

煎堆制作过程

陈淑琼（左）、郭有燕（右）

　　也许没有人能抵挡得了油炸食物的特殊风味，而在三洪奇人的心中，大煎堆的意义早已超出了纯粹食物的范畴，成了拉近邻里关系及人们美好愿望、祝福的寄托。据说，"三洪奇大煎堆"的制作始于明代，至今已有数百年的历史。这种乡土之中留存着的经典美味，即便时代变迁，依然温暖如初。

【烹饪小贴士：三洪奇大煎堆】

步骤：

（1）烧酒拌匀白糖，加入筛选好的爆米花充分融合后抓成圆球状；

（2）面粉加水和好，捏成一块块小面片下锅，熬煮熟糊；

（3）生、熟糊均匀混合，待粉团稍凉后按分量称粉团，包裹馅料；

（4）在锅耳处插上黄皮叶，油锅烧开，煎堆下锅炸，注意翻滚，维持外形，20分钟后炸至表面金黄即可。外皮与馅料两种不同层次的香脆，甜而不腻，让人齿颊留香。

寻味指南

厨德立人

永葆一种热爱、一种情怀，一群新生代青年名厨突破传统，追求创新，融汇中西、南北菜式之精华，创作出多款潮流创意美食，他们敢为人先，对粤菜赋予了新的思考和新的可能。

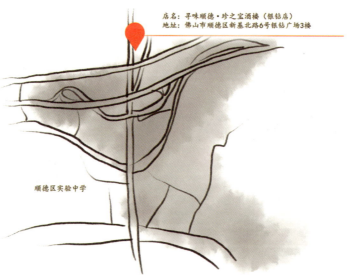

店名：寻味顺德·珍之宝酒楼（银钻店）
地址：佛山市顺德区新基北路6号银钻广场3楼

顺德区实验中学

感　悟

做了大型宴席这么多年，每一道菜都一定要在它最佳的时候来到客人面前，温度、色泽、味道各方面都要把控到位。做宴席虽然辛苦，但是我看到客人吃得开心，自己也会感到自豪和满足。

宴席专家　"意头菜"设计师

——潘敬枝

　　潘敬枝是地道的顺德人，入行20多年，主理大型宴席是他的强项，在每一场大大小小的宴席里，都是味道与时间的较量，他可谓是身经百战，经验十足。他心里始终有一股韧劲，那就是越战越强，带领着团队以最高的水准为客人们打造出极具岭南特色的珍味盛宴。

黑松露笋壳骨香炒球

招牌无骨功夫猪

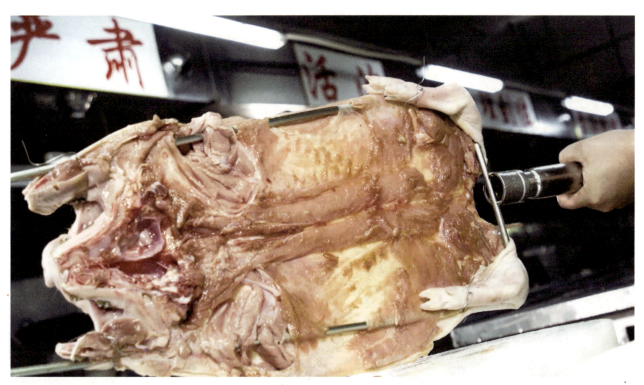

招牌无骨功夫猪制作过程

　　对于宴席料理，潘敬枝认为每一道菜必须在最佳的时间呈现给客人品尝，要做到这一点，后厨与前厅的对接是很重要的。顺利完成一场宴会，不仅是厨艺的较量，更是体力和脑力的考验。随着人们饮食习惯和要求的变化，岭南地区的宴席菜式不断推陈出新，潘敬枝在创新菜式这方面也下了不少功夫……

招牌无骨功夫猪

在岭南的各种宴席中，头盘多以有着"红运当头"寓意的烤乳猪来担当，潘敬枝将顺德私房菜擅用的无骨鱼特色演绎到宴席上进行菜式创新，萌生了一个大胆的想法——招牌无骨功夫猪。为了做好这道菜，他亲自到猪场进行筛选，只有肉质肥美、肥瘦均匀的乳猪，约6.5千克重的才适合作为原材料。乳猪去除大骨，猪皮必须保持完好，乳猪经过精准去骨后，融入咖喱、桂皮、八角等10多种香料腌制，秘制去膻配方点亮乳猪的鲜香。最后放入烤炉，火候是决定乳猪成败的关键，经过45分钟的高温炙烤，外皮酥脆、馥郁鲜滑的乳猪大功告成，品尝后齿颊留香，回味无穷。

黑松露笋壳骨香炒球

有着"年年有余"寓意的鱼菜也是宴席里头的重头戏之一，潘敬枝尝试突破传统，在顺德传统菜炒鲮鱼球上进行新派的演绎。他采用笋壳鱼，起肉打胶，融入黑松露，挤成球状炒制，鲜甜清香，爽滑可口。加入绿色的芥蓝、红黄彩椒搭配，色彩缤纷。结合新派装盘，寓意"财源滚滚，步步高升"。

宴席现场

食客

潘敬枝

多年来的宴席专业实践，磨炼出潘敬枝对出品一丝不苟的态度。对于宾客来讲，宴席除了吃饭，其实更深的一层意义在于团聚。潘敬枝希望客人在每一次的围坐品尝之中，都能感受到美食和团聚带来的幸福。

【烹饪小贴士：黑松露笋壳骨香炒球】

步骤：

（1）笋壳鱼洗净，起肉打胶，加入黑松露后再搅拌均匀；

（2）鱼胶挤成球状，下锅煎炒；

（3）切好的芥蓝、红黄彩椒和鱼球一同炒香后上碟摆好盘即可，鱼球爽滑弹牙，鱼香鲜甜，飘逸着黑松露的幽香。

寻味指南

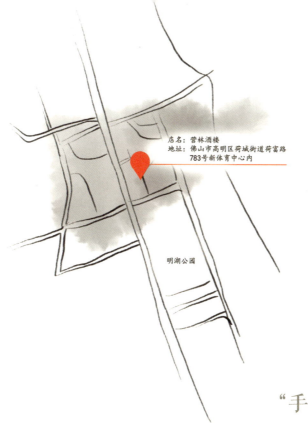

店名：营林酒楼
地址：佛山市高明区荷城街道荷富路
783号新体育中心内

明湖公园

感 悟

善用当地农产品，为农兴农，是作为厨师的责任。出品好是基础，能给客人呈现超出期望的菜品，吸引他们拍照分享，运用社交媒体宣传，与时俱进，不再是昔日『酒香不怕巷子深』的理念。

"手机先吃" 魅力冬瓜船
——黎保超

　　5G（第五代移动通信技术）时代，我们的衣食住行离不开手机的指引。遇到美食美景，大家会第一时间用手机记录下来，然后分享到社交媒体上。精通各类热门APP（手机软件）的黎保超开始思考怎样能让传统粤菜更加吸引年轻食客，他认为，菜品是否能让客人"手机先吃"往往非常关键。

海皇冬瓜船的食材

海皇冬瓜船的食材

海皇冬瓜船

学生时代的黎保超对美食节目最感兴趣，每次均被厨师们精湛的技艺所吸引，因此他立志要成为一名粤菜名厨，闯出自己的美食天地。在三水区西南街道，黎保超的"金炳农庄"吸引着许多食客前来"打卡"消费，奥妙在于他每道菜品的研发都以"手机先吃"进行构思，让许多新老顾客朝着这里的"流量美食"奔赴而来。

海皇冬瓜船

　　三水黑皮冬瓜具有皮色墨绿、肉白且厚的特点，是三水极具特色的农产品之一。传统冬瓜盅是竖着放的，黎保超从"吸引眼球"角度出发进行创新，将冬瓜横着放置，塑造成"船"的视觉效果。采用重达10千克～15千克的黑皮冬瓜，在黑皮冬瓜横置的四分之一处切开瓜盖，剔除瓜瓤，沿着冬瓜横切面的一侧雕刻花纹。冬瓜船的配料选材上既遵循传统的，又添加现代人喜欢的，例如走地鸡、白贝、扇贝、江珧柱、珊瑚蚌、肉丸、鱼丸、排骨、野山菌、莲子、薏米及昆布等多种食材，总体满足大众的口味，老少皆宜。依次加入海陆食材后，淋上北江河鲜熬制的鱼汤，盖上瓜盖，整只冬瓜船放入蒸柜大火蒸40分钟后见证美味的诞生。

　　上菜需要两个人抬着，酷似"船"的造型让人眼前一亮，引来全场食客的围观赞叹，纷纷拿出手机拍照，分享到各大社交平台，魅力没法挡。一份海皇冬瓜船有五六个人的量，能满足一家大小的需求。虽然食材丰富，但蒸好的冬瓜船汤色清澈，馥郁鲜美，食材吸收了冬瓜的天然清甜，升华美味，品尝时仿佛身临田园，体会一番自然风光。

海皇冬瓜船制作过程

食客纷纷对菜式拍照

　　海皇冬瓜船曾与黎保超一起登上多档美食栏目。凭其超高人气吸引了不少食客从外地慕名而来，一睹其风采。粤菜世界百花齐放，在粤港澳大湾区还有许多像黎保超一样的青年人才在粤菜领域发挥着他们的奇思妙想，为粤菜文化增辉。

黎保超

【烹饪小贴士：海皇冬瓜船】

步骤：

（1）在黑皮冬瓜横置的四分之一处切开瓜盖，剔除瓜瓤；

（2）沿着冬瓜横切面的一侧雕刻花纹；

（3）把鸡肉、白贝、扇贝等多种食材依次放入，淋上鱼汤，盖上瓜盖，入蒸柜大火蒸40分钟即可，
汤汁醇厚，食材鲜香，吃起来生津止渴，有消暑祛湿功效。

寻味指南

贤谭路

店名：年年好景大顶苦瓜专门店
地址：佛山市南海区狮山镇谭边信封村停车场对面

厨德立人

感 悟

做菜就好像一场修行，经过逆境才会有进步，吃了苦才知道什么是甜，生活的苦是成为更好的自己的必经之路，苦尽甘来，才是人生百味。

人生百味　苦尽甘来
——吴健钧

　　"大顶苦瓜"是南海狮山谭边村特有的农产品，在当地已有六七十年的种植历史，因瓜的顶部较大而得名，分常规绿瓜与白玉瓜两种，含糖量比一般苦瓜要高出两成，瓤少肉厚，糖分高，口感爽脆，吃起来有回甘的绵长。正是这家乡的特有品种，见证了"90后"青年厨师吴健钧厨师生涯的苦尽甘来。

苦瓜刺身

　　吴健钧的个人绝活"切苦瓜片"有"三刀三步骤"的流程：先用"斩刀"切苦瓜块，再用"起刀"去除苦瓜瓤，最后用"片刀"切薄苦瓜片，每一片皆可透过光线。吴健钧手起刀落，刀锋贴着手指划过，一连串动作行云流水，利落流畅，手法娴熟。记起初学刀功的时候，为了能尽快上手，吴健钧从早练到晚，每天密集地重复一件事情——"切"。虽然枯燥，他依然用心去对待，手指上被刀刮的伤痕便是他努力的见证。生意最火爆的时候一天能卖出250千克苦瓜，让他深感自豪。

苦瓜干

苦瓜刺身

　　"苦瓜刺身"这道菜是吴健钧厨师生涯的起点，他切的苦瓜片采用斜刀切法，很考究厨师的刀功。苦瓜片"汆水"的温度和时间必须精确把握，80℃的水，汆水8秒，在去除苦味的同时，保持苦瓜片的爽脆，这是在一次次的失败后总结出来的经验。薄片和冰盘的接触面积比较大，苦瓜比较快凉透，搭配酸荞头、野山椒、炸芋头丝、炒花生等佐料，口感丰富爽脆，酸甜苦辣咸，人生五味均在盘中。

165

稻草肉

稻草肉

崇尚健康、绿色、精简的饮食理念，物尽其用是吴健钧对烹饪的态度，苦瓜干和稻草肉的结合就是最好的例子。他把平时丢弃的苦瓜瓤生晒成苦瓜干，经过一段时间的沉淀，味道更加深厚浓郁。肥瘦相间的五花肉，"广东三宝"之一的禾秆草，两者相结合进行烹饪，淡淡的回甘中和了稻草肉的肥腻感，怎么吃都不油腻。融入稻草香味的五花肉，再加上吸收了香浓肉汁的苦瓜干，被遗弃的食材都可以做成一道美味。

吴健钧

　　吴健钧在谭边村的年年好景酒楼推出了100多道苦瓜菜品，让食客品尝到苦瓜的缤纷美味。他希望能研制出更多苦瓜的菜品，探索出更多苦瓜的味道，把"大顶苦瓜"这个品牌做得更响、更亮。

【烹饪小贴士：苦瓜刺身】

步骤：
（1）苦瓜切块，去瓤，斜刀切薄片；
（2）在80℃的水中，氽水8秒后过一次冰水；
（3）苦瓜片沥干水分，与酸荞头、野山椒充分拌匀；
（4）平铺在冰盘上，撒上炸芋头丝和炒花生即可，在清凉爽脆的口感中，一次尝遍酸甜苦辣咸五味。

寻味指南

感悟

烹饪是一种艺术，是视觉、嗅觉、触觉和味觉的审美大艺术。所谓色香味俱全，诱人的香和标准的味，只是菜品及格的基本条件，也是绝大多数厨师都能够达到的目标。而决定菜品视觉形象的『色』，则需要更精致和唯美的盘饰来呈现，这才是一道菜肴额外加分的关键。

淮扬菜刀工　粤菜味道
——王俊光

美食不仅用于果腹，美食分享也是社交活动，菜品需要艺术升华，这就需要厨师懂得艺术，懂装盘。王俊光师傅在刀工和盘饰上有较深的造诣，希望把顺德的热菜和盘饰完美融合，让菜肴既有顺德菜的美味，又有赏心悦目的美感。

王俊光在雕刻

食雕 "兰花"

粤味厨神

百名粤厨的鲜香美味精选

　　王俊光在扬州大学就读烹饪与营养教育专业，大学期间他每个周末都去酒店做兼职。"大煮干丝"是他最熟悉的一道菜，切豆腐干是极其重要的步骤，他不曾告诉别人，为了练刀工，他的指甲被切掉了一半。为了切出薄如蝉翼的豆腐干，他一个上午要切超过 100 片豆腐干，手上满布老茧。最初学厨，只是为了争取考取本科院校的机会，不曾想，竟然这样与食雕摆盘结下了不解之缘。

　　王俊光大学毕业后来到顺德，在酒店经过一年的实习后，进入佛山市顺德区梁銶琚职业技术学校当上了一名老师，主教刀工和指导学生参加竞赛。强大的使命感让他决心要把烹饪文化和味道记忆传承下一代。在学校工作10多年来，他不仅把毕生所学教给学生，自己还坚持参加各类行业竞赛，成绩斐然，他带领的学生团队常常满载而归。

　　为了创作更优秀的作品，王俊光从网络和书本上学习各种高难度的刀法与盘饰技巧，结合生活带来的灵感，将眼前事物变成自己专业的食雕作品。"锦羽呈祥"细致精雕的每一片凤凰翎羽，栩栩如生。尽显华贵大气的"岭南春意"描绘出屋檐外鸟语花香的别致，假山和圆桌椅更添一份悠闲舒心……所有的成功都不是一蹴而就的，这些精美的食雕艺术品，是王俊光日复一日练习的成果结晶。

食雕"岭南春意"

王俊光

王俊光在指导学生

【食雕小贴士：刀法】

（1）削：把雕刻的作品表面修圆，达到光滑整齐的效果。

（2）划：在雕刻的物体上，划出所构思的大体形态、线条。

（3）刻：雕刻中最常用的刀法，贯穿全过程。

（4）插：由特制刀具完成，多用于花卉和鸟类的羽毛、翅、尾，奇石异景，建筑等作品。

（5）旋：多用于各种花卉的刻制，使作品圆滑、规则。

（6）抠：使用各种插刀在雕刻作品的特定位置，抠除多余的部分。

（7）画：适用于雕刻大型的浮雕作品，在平面勾画出大体形状、轮廓。

（8）转：在特定雕刻的物体上表现的一种刀法，具有规则的圆、弧形状。

（9）镂空：雕刻作品达到一定的深度或透空时所使用的一种刀法。

寻味指南

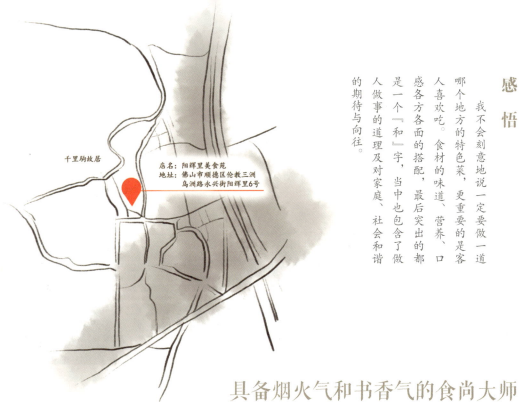

千里驹故居

店名：阳辉里美食苑
地址：佛山市顺德区伦教三洲乌洲路永兴街阳辉里6号

感 悟

我不会刻意地说一定要做一道哪个地方的特色菜，更重要的是客人喜欢吃。食材的味道、营养、口感各方面的搭配，最后突出的都是一个『和』字，当中也包含了做人做事的道理及对家庭、社会和谐的期待与向往。

具备烟火气和书香气的食尚大师
——颜景瑞

上学时因老师一句"以后书法家和美食家一定会吃香"的话语，让颜景瑞对书法产生了浓厚的兴趣并刻苦练习。因家庭经济状况一般，颜景瑞虽成绩优异，但未能继续学业，早早进入餐饮行业打拼。在做厨师的18年间，颜景瑞对书法的喜好从未放下，爱看书、喜书法、好赏花是他生活的重要部分，一身具备烟火气和书香气，这就是顺德厨师颜景瑞的亮点。

粽香苦瓜

砂锅鸡蛋花啫云吞

砂锅鸡蛋花啫云吞

　　颜景瑞觉得学习书法、绘画可以提高一个人的审美，对提升菜式的色、香、味、形都很有帮助。在研习书法时，他最喜欢"和"字，因为他一直追求的就是烹饪的"和味"。

粽香苦瓜

也许没有人想过用苦瓜和粽搭配，颜景瑞便以"粽香苦瓜"这道菜创造了奇迹。他以五花肉、芋泥、五彩糯米混合作为馅料，填入去瓤的苦瓜段中，再放入高汤中细火慢煮40分钟。这样烹煮的苦瓜入口清苦、回味甘凉，咬开后是那绵柔软糯的缤纷馅料，与苦瓜奇妙交织出和美的味道，独特的粽香比平常的粽子多了几分清新。尤其是在炎夏享用，无疑是舌尖上的一股清流，馥郁鲜甜，给人焕然一新的感觉。

砂锅鸡蛋花啫云吞

"砂锅鸡蛋花啫云吞"由顺德经典点心"砂锅啫生煎包"演变而来，更有花香的加冕，滋味毋庸置疑。以花入馔是顺德美食特色之一。颜景瑞将新鲜采摘的鸡蛋花剁碎，与胡萝卜、黑木耳、猪肉末一同做成馅，包成元宝状的云吞，蒸熟后单边煎香，再放入砂锅里上盖焗，过程中在锅盖边缘洒上花雕酒，揭盖出锅的瞬间简直香出天际。这种介于煮云吞和炸云吞之间的做法，既有煮云吞的口感，也有炸云吞的香味，在爽滑与香脆间追寻鸡蛋花的芬芳、蔬菜的水灵、猪肉的鲜味、面皮的麦香，在有趣的味觉游戏中感悟融合的真谛。

粽香苦瓜

砂锅鸡蛋花啫云吞

颜景瑞

　　和谐是一种包容的力量，只要彼此融洽、相互磨合，就能达到相得益彰的效果，常言道"治大国如烹小鲜"，无论是为人处世，还是烹饪美食，以和为本，终能收获美好。在浓墨淡彩中不断提升自己审美的同时，颜景瑞将独特的见解融入菜式，烹制出属于他的"和味"。

【烹饪小贴士：砂锅鸡蛋花啫云吞】

步骤：
（1）剁碎的鸡蛋花、胡萝卜、黑木耳、猪肉末一同做成馅；
（2）用云吞皮把馅包成元宝状，上锅蒸；
（3）蒸熟的云吞单边煎香，砂锅中料头起锅，放入云吞上盖焗；
（4）把花雕酒均匀地洒在锅盖边缘，融入酒香，开盖后多种香味汇聚，外层香脆，怕内馅爽滑，
　　　味道超凡脱俗。

寻味指南

九龙公园

店名：云来轩
地址：中国香港特别行政区湾仔区尖沙咀棉登径17—23号华枫大厦1楼

感悟

新皮苦，陈皮甘，就像充满挑战的人生一样。前半生经历的苦楚，如同新皮一样苦涩；后半生像陈皮一样，经历岁月洗礼，越陈越有味道。学厨跟做人同样道理，只要相信苦尽甘来，永不言弃，无论直路弯路都能顺畅走过。

药食同源　陈皮成宴
——黄亚保

　　陈皮是一种药食同源的食材，有理气健脾、化痰止咳、促消化、降血脂等功效，常用于泡水、煲汤或熬粥。随着时代的发展，养生饮食潮流兴起，陈皮入馔日趋盛行。在香港，有一家专做融合粤菜的餐厅"云来轩餐厅"，以独创的"陈皮宴"远近闻名，因为经营者黄亚保与陈皮有着奇妙的情缘，他全心全意为陈皮打造了一个魅力尽显的舞台，引领陈皮饮食风尚，深受大众追捧。

陈皮老姜炒鲍鱼

陈皮老姜炒鲍鱼

陈皮老姜炒鲍鱼

　　黄亚保是首位加入广东新会陈皮行业协会的香港人。当中有一段故事，当年他的长女出生不到3个月便久咳不愈，夫妻二人访遍中西医皆无理想的治疗效果。经岳母提议，用年份久的陈皮泡水冲奶喝，仅两三天的时间，这咳嗽竟"不药而愈"，也许是陈皮的某种功效有助于止咳。黄亚保从此爱上了陈皮，经常来回新会与香港，研究陈皮文化，拓展陈皮入馔思路，让自己研发的菜品融入陈皮，独具匠心的"陈皮宴"在香港"云来轩餐厅"华丽亮相。

黄亚保8岁随父母来到香港，在高墙铁丝环绕的封闭式船中度过整个童年。13岁开始找学校读书，无奈面试了二三十间中学，皆因他基础太差而被拒之门外，终于有一位校长怜悯他的身世，安排他插班。黄亚保在此之前没读过书，尽管很努力追赶课程，仍然升学无缘。后来又有一位熟知他热爱烹饪的老师建议他入读中华厨艺学院，这犹如在他人生最低谷的时候，一盏明灯照亮黄亚保走向光明大道。在随后的12年里，黄亚保完成了中华厨艺学院的中式厨师四个级别的课程，成为厨艺大师。学业结束后，他与几个志同道合的同学一起创办了"云来轩餐厅"。

陈皮老姜炒鲍鱼

"陈皮老姜炒鲍鱼"是云来轩餐厅的招牌菜，在鲜鲍鱼表面划十字花刀，下锅煎至两面金黄后，放入陈皮丝、老姜块及其他配料爆香，勾芡翻炒收汁后即可上碟。陈皮的幽香结合老姜的爽辣，融入鲍鱼的鲜甜，口感柔润，回味时清新甘香，沉醉而难忘。这道菜不仅代表了黄亚保对餐厅的经营态度，更代表了他对陈皮的独特情怀。

现场采摘新鲜柑

黄亚保（右）与老师

黄亚保

　　很多人认为陈皮大多是年纪稍长的人才会欣赏，但云来轩餐厅的陈皮菜式结合了新派的做法，迎合了年轻人的口味，因此也得到许多年轻人的青睐。黄亚保希望让更多的人在美食中欣赏、品味陈皮，并弘扬陈皮的养生饮食文化。

【烹饪小贴士：陈皮老姜炒鲍鱼】

步骤：

（1）陈皮切细丝，老姜切小方块，鲜鲍鱼表面划十字花刀；

（2）鲜鲍鱼下锅煎至两面金黄上碟备用，陈皮丝、老姜块及其他料头下锅爆香；

（3）鲜鲍鱼下锅翻炒，勾芡收汁后即可上碟；

（4）鲍鱼壳装着配料垫底，整只鲍鱼放上面，陈皮丝点缀，吃起来清爽鲜甜，陈皮甘香激发食欲，降低油腻感。

寻味指南

店名：天盈酒店
地址：阳江市江城区振兴路
　　　阳江国际五金刀剪商贸中心1号1层3层305号铺

阳江市中医医院

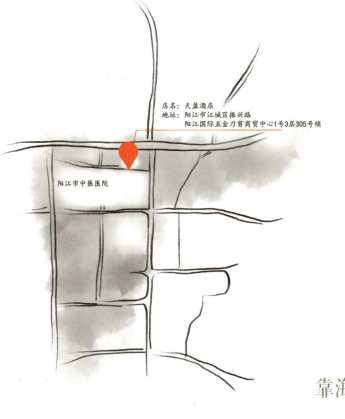

感　悟

要做一个好的厨师，是需要时间的沉淀的，不同的年龄会有不同的韵味。经历不停地在增加，学习也要不断地加强，让自己有更多的突破。

靠海吃海　靠品质做菜
——梁卓锋

每年八月，阳江的开渔节，在闸坡海产品交易码头，看着满载而归的渔船，是阳江人最开心的时候。码头上的鱼腥味越浓，意味着渔获越多。果然，渔船靠岸，满满的渔获一箩筐接一箩筐地抬上岸，厨师梁卓锋将这些大海的恩赐巧手烹饪成阳江特色粤菜，让食客品尝与众不同的渔家风味。

阳江风貌

晒制鱼干

山泉水浸牛白腩

蒸鱼干

阳江海域鱼类品种丰富，渔获大丰收，就会把鱼腌制后晒成鱼干，一年四季都可以吃，这是一种民间智慧的体现。现捕鱼晒的鱼干拥有着让人难以拒绝的咸香美味，渔民家家户户都会晒鱼干，只要有人家的地方就有鱼干，抬头仰望，在初升的太阳下，鱼干闪烁着金黄的油光，任谁看见都垂涎三尺，仿佛口中已荡漾着鱼干的咸香。梁卓锋对鱼干制作及烹饪研究甚深，他认为清蒸的方式最为简单，也最能保持本地风味。

等待的过程是很煎熬的，但是经得起时间考验的美味，始终会让人回味无穷。鱼干晒至半干的时候，肉质有一点韧，吃起来却很爽口，比较能突出阳江鱼的鲜甜。梁卓锋将酱油、生油、生姜、葱进行巧妙搭配。"原味拍姜蒸波浪干"将鱼干深处的鲜味毫无保留地展现出来；"腊味蒸鲛鱼干"有腊肉和腊肠的融入，咸香交织鲜甜，更加"惹味"。用来下粥、下饭吃简直一流。

山泉水浸牛白腩

从厨20多年，出去学习交流的机会比较少，见识也不如别人多，这一直让梁卓锋感到遗憾。因此他比别人付出了更多的努力去发掘新的食材，提高菜式品质。一次偶然的外出采风，他发现阳江周边的山泉水尤为清甜，激发起烹饪灵感，决定上山取水，送到相关部门检查合格后，把山泉水运用到烹饪上。

牛白腩本身是一种很甜的肉类，基本上都是用五香来烹调的，梁卓锋用山泉水来做清汤型的牛白腩，一改传统牛白腩浓香的味道，山泉水的清甜带出牛白腩的软糯甘香，纯正的牛肉味让食客大饱口福。每一次改变，都会遇到很多质疑的声音，梁卓锋一直坚持自己认为正确的路。他希望将大家认为没可能的事，变成可能，让他的菜式成为美食经典。

山泉水浸牛白腩

腊味蒸鲛鱼干

梁卓锋

【烹饪小贴士：腊味蒸鲩鱼干】

步骤：

（1）鲩鱼干切块，平铺在碟中，腊肠、腊肉切块后铺在鲩鱼干上；

（2）淋上酱油、生油，撒上姜粒，上锅蒸熟；

（3）出锅后撒上葱花即可，咸香中带有鲜甜，腊味和鱼干的搭配相得益彰，满满的粤式风味。

寻味指南

汇贤实验学校

感悟

可以一直留存至今的点心，曾几何时它们也是一款创新的点心。艺术不只是用眼睛来探索、用双手来实现，还可以利用味觉来传达……

"90后" 点心艺术家
——梁嘉裕

"德记粥之世家"是顺德伦教一家老字号早餐店，从太公创立至今已经历五代传承，"90后"梁嘉裕是德记第五代传人。他四五岁开始就随父亲到店里玩耍。有一次，父亲因点心师证考级而制作了许多有趣的象形点心，这深深地吸引着梁嘉裕明亮的眼睛，自此他对广式点心萌发了兴趣。18岁那年他正式步入点心行业，得到父亲的倾囊相授，再加上自己的努力，他的作品开始出现在国内知名美食杂志上，"粤点小师傅"初露锋芒。

酥皮糯米糍寿司

咸煎饼

黑金鱼凉粉

酥皮糯米糍寿司

有一天下班后，梁嘉裕在一家日本料理店吃寿司，忽然灵光一闪，心中有了主意。他马上回到店里，以包裹红豆馅的糯米团代替日式饭团，以广式酥皮代替鱼生，做出酷似寿司的新作品——酥皮糯米糍寿司。其外层酥脆，内层香甜软糯。他立即拿着这款新点心与父亲一起品尝，两父子随即展开传统与创新的点心文化碰撞，父亲予以技术点评之外，还表达了他对年轻人创新的想法："很多时候你没有胆量去改变它，工艺可以改变，食材可以改变，但它的味道是不能改变的，这就是乡情。"梁嘉裕记在心中。

黑金鱼凉粉

梁嘉裕的创新之路从没有停步，他看着家里的鱼缸，小黑金鱼在水中游来游去，其轻盈灵动的摇摆之姿让他灵感迸发。如何才能将凉粉做得栩栩如生？经过多番的改良尝试，研发笔记更是写了一大沓，终于完美地创造出心爱的"黑金鱼凉粉"。看第一眼的时候惊喜乍现，霎时间竟难辨真假，采用凉粉制作的小黑金鱼活灵活现，飘逸出幽然菊花的清香，这不仅是一道别出心裁的美点，更是一件匠心独运的艺术品。

点心制作过程

点心制作过程

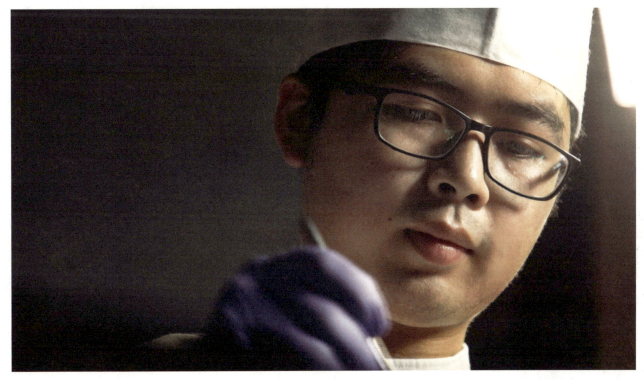

梁嘉裕

　　灵动唯美的"黑金鱼凉粉"、生动可爱的"酥皮糯米糍寿司"……梁嘉裕这位新生代点心师将艺术融入中式点心，走出了一条属于自己的个性化中点艺术道路。他不断进取提升，创作出更多让人赞叹的"美"食！

【烹饪小贴士：黑金鱼凉粉】

步骤：

（1）调配好的食用金粉适量点缀在金鱼模具内；

（2）倒入调配好的黑凉粉水，填满整个模具，冷冻静置至凝固备用；

（3）大黄菊泡茶后过滤倒入碗中，放入黑金鱼凉粉摆好造型；

（4）大黄菊放入碗中的黑金鱼凉粉旁，整理好绽放形态即可完成，单独吃黑金鱼凉粉会有菊花的香味。

寻味指南

感悟

到我这一代人，我觉得必须对潮菜不断地进行研究和创新，我希望通过我这一代人的坚持，把潮汕美食传承和发扬光大。

店名：寻潮记（致越优城店）
地址：佛山市南海区海三路28号致越优城A座18楼

礐岗公园

大学生接"老鼎" 四代人做蚝烙
——陈训哲

　　制作潮汕蚝烙有一句老话："厚油、文火、香鱼露。"在这个传统做法的基础上，年轻厨师陈训哲增加了豆腐鱼、鲜虾、文蛤等海鲜，还撒上了粉丝，用猪油把蚝烙煎得外焦里嫩，鲜香四溢，吃起来口感丰富，既有粉丝的软糯，又有海鲜的咸鲜，加上鱼露的提鲜，美味得让人欲罢不能。现代人讲求健康饮食，陈训哲对蚝烙进行大胆革新，并得到顾客认可。2017年，蚝烙煎制技艺（"银屏蚝烙"煎制技艺）被列入汕头市第五批市级非物质文化代表性项目名录，陈训哲就是"银屏蚝烙"的第四代掌门人。

银屏蚝烙

银屏蚝烙

　　"蚝烙"是潮汕著名的民间小吃，"银屏蚝烙"则是潮汕蚝烙的百年品牌。朱炳泉把他熟悉的蚝烙绝活传授给女儿朱银屏，女儿接勺后把自家风味独特的美食命名为"银屏蚝烙"，从此在潮汕打响名堂。她的儿子陈叙苞是第三代传人，秉承家族传统手艺，接力成为一名潮汕菜酒席大厨。到了陈训哲大学毕业后毅然接过传承百年的"老鼎"煎起了蚝烙，成为第四代传人，实现了"银屏蚝烙"的薪火相传、生生不息。陈训哲年轻的思维拥有更多创新和突破，他把豆腐鱼、鲜虾、文蛤、鸡蛋、辣椒酱、粉丝等丰富多彩的食材融入蚝烙中，赋予了"银屏蚝烙"一股全新的活力、文化和内涵。传承不守旧，创新不忘本，传统加创新的"银屏蚝烙"得到新媒体的宣传后迅速爆红，每日吸引万千食客前来寻味。

"银屏蚝烙"制作过程

海洋一篮鲜

海洋一篮鲜

　　鱼饭是潮汕地区极具代表性的美食，简单来说，就是拿鱼当饭吃。鱼饭的制作手法就是先把海鱼浸在盐水里腌制，让盐分渗入鱼肉，捞出鱼加以姜葱去腥，再放入竹笼内蒸熟，成为渔民简单的一顿饭餐。陈训哲在鱼饭原有的基础上搭配虾、螺、贝等海鲜，让它卖相更亮丽、丰富，命名为"海洋一篮鲜"，吃的时候蘸上灵魂酱料——普宁豆瓣酱，使美味提升到更高一个维度。没吃过鱼饭，就等于没来过潮汕，鱼饭饱含着潮汕人向海而生的烹饪智慧，也保留着美味求真的工匠精神。

陈训哲

【烹饪小贴士：银屏蚝烙】

步骤：

（1）清洗生蚝，豆腐鱼洗净去骨；

（2）用清水调制地瓜粉，搅拌均匀，直至没有块状，制成蚝烙浆；

（3）热锅下油，蚝烙浆下锅，不能太厚；

（4）豆腐鱼、鲜虾、文蛤、鸡蛋、辣椒酱拌匀后下锅，撒上一层薄薄的粉丝；

（5）把它分成四片，煎至金黄后翻面；

（6）生蚝、葱花、鸡蛋、辣椒酱拌匀后下锅，淋在已经金黄的一面；

（7）再次翻面，把有生蚝的一面煎熟，撒上胡椒粉，洒上鱼露，上碟后撒上香菜即可，蘸上鱼露提鲜，
外焦里嫩，脆嫩兼备，香味浓郁。

寻味指南

后记

　　本次收录入《粤味厨神——百名粤厨的鲜香美味精选》的大厨有30多位，其中有声名显赫的老师傅，也有如日中天的大师傅，更有年轻有为的小师傅，年龄从25岁到72岁，涵盖了老、中、青三代厨师，他们的共同点是对厨艺的热爱，然后把热爱用于工作，再通过不懈努力达成了不同的成就。本书为厨师们造就了一个很好的舞台，让我们了解粤菜厨师生涯和粤菜美食文化。本书取名为《粤味厨神——百名粤厨的鲜香美味精选》，是对厨匠的尊重。但很多大厨都说，我们不是什么大师、什么厨神，我们只想做一名好厨师，促进粤菜厨艺的传承和创新，把精彩的粤菜展现出来，这就是粤菜师傅精神。

　　《粤味厨神》原是佛山电视台的一档大型纪录片节目，录制了粤菜厨师的创业成长故事，现选取部分精彩个案改编成册，分别述说他们艰辛的成长经历和美味的代表美食，有的看得人掉眼泪，有的看得人流口水，结局都是苦尽甘来，人生精彩。他们制作的美食最终得到食客认可，餐厅客似云来，厨师声名远播。可能看完这本书后您会有两种冲动：一是当厨师，二是立即寻味。

　　厨师工作，本人觉得是一份理想职业，其优点首先是成长快，晋升空间大，收入高。其次做厨师不愁没有工作，就算这两年受疫情影响，餐饮行业复苏快，如雨后春笋般增长。本人从事烹饪培训学校，总有餐厅老板找我介绍大厨，本地和外省需求都大，要知道到省外工作，工资要比省内高得多。再次做厨师社会地位和自身形象不断提高，政府层面的"粤菜师傅"和"粤菜大师工作室"赋能厨师光环。"乡村工匠"增加烹饪专业的工程师职称认定，就是说，当厨师也能评上工程师。"抖音""快手"等新媒体都会特别关注烹饪题材，只要视频内有厨师出现，有厨艺表演，基本都会得到流量扶持。最后看厨师的工作环境，不再是以前所说的"厨房街砖——又咸又湿"，现在的4D厨房、5D厨房（专业厨房等级）宽敞明亮、整齐有序，各种现代化的烹饪设备让厨师工作得心应手，精神抖擞。

讲寻味，看完这本书，被其中的美食吸引，最简单、最容易做的就是立即出发。书中介绍的每位厨师都有讲他的餐厅，只要在导航中输入餐厅名字就能轻松到达，按着书中所提的菜名点菜，基本没有问题。下一步，我建议为佛山乡村旅游美食示范点"种草"，提炼更多的旅游美食线路、点菜菜单、休闲指南等资讯，让"吃货们"轻松寻味。

佛山美食，佛山旅游，快乐悠悠！

陈厚霖（大虎哥）

凤厨职业技能培训学校校长

顺德美食推广大使

2022 年 2 月 1 日

微信扫码

观看《粤味厨神》
100集纪录片